人人伽利略系列05

全面了解
人工智慧

從基本機制到應用例，以及未來發展

人 人 出 版

人人伽利略系列05

全面了解

人工智慧

從基本機制到應用例，以及未來發展

3 人工智慧的未來

協助 松尾 豐／乾 健太郎／大澤昇平／佐久間 淳／佐藤多加之／
中川裕志／村川正宏／山川 宏

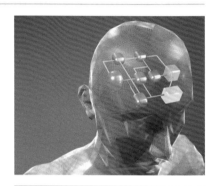

4 邁向人工智慧的新領域

協助 山川 宏／金井良太／山本一成／坊農真弓／井上智洋／佐藤 健／
平野 晉

1

從基礎開始學習人工智慧

協助　松尾 豐／乾 健太郎／大澤昇平／佐久間 淳／佐藤多加之／中川裕志／村川正宏／
山川 宏

自動駕駛、照片的自動辨識分類、自動翻譯、語音辨識的家電產品、戰勝職業棋士的圍棋、日本象棋（將棋）程式等，這些高功能的人工智慧（AI）逐漸在我們生活中普及開來。

　　人工智慧為什麼會這麼厲害？在本章，讓我們從基礎開始來了解人工智慧的聰明機制。

從智慧家電到自動駕駛。何謂人工智慧？

2016年3月，人工智慧圍棋軟體「AlphaGo」（阿法圍棋）與世界頂尖高手韓國的職業九段棋士李世乭展開五番棋對戰。賽前大家都認為李世乭將取得5：0的壓倒性勝利，然而AlphaGo最終以4：1的戰績取得勝利。這樣的結果為全世界帶來莫大的衝擊。再者，2017年4月，人工智慧將棋（日本象棋）軟體「PONANZA」擊敗現役名人佐藤天彥九段，象徵著人機大戰在將棋界也已分出勝負。

誠如上述，近年來人工智慧進步神速，許多產品上面都已搭載人工智慧，對我們的社會帶來各式各樣的影響（右邊插圖）。另一方面，「工作會被人工智慧搶走」、「人類將受人工智慧所支配」等「人工智慧威脅論」甚囂塵上。人工智慧究竟是什麼樣的存在呢？

人工智慧的內容千差萬別

根據研究人工智慧的日本東京大學松尾豐特聘副教授的分類法，將人工智慧分成四個等級。現在，第四級人工智慧已經有顯著的發展，為社會帶來強烈的衝擊。

第 1 級

將單純的控制程式稱為「人工智慧」的產品。雖然賦予人工智慧之名，實際上隸屬研究歷史悠久的「控制工學」、「系統工學」領域。

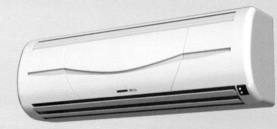

智慧家電

第 2 級

古典的人工智慧。基本上係組合單純的控制程式製成，但是行為模式極為多樣化。

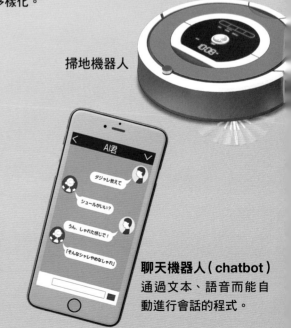

掃地機器人

聊天機器人（chatbot）
通過文本、語音而能自動進行會話的程式。

第 3 級

稱為「機器學習」（machine learning，詳情請看20～23頁說明），係從資料中自動分析獲得規律，並利用規律對未知資料進行預測的演算法。亦即，利用大量的資料（大數據）進行高階的判斷。

將棋
（日本象棋）
軟體

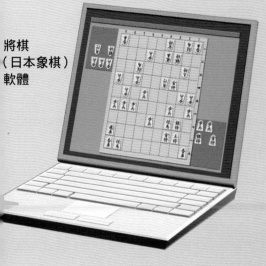

華生（Watson）
IBM所開發回答問題
的人工智慧系統

第 4 級

採用「深度學習」（詳情請看18頁說明）的人工智慧。電腦自行發現資料內的「特徵」，而能進行媲美人類的判斷。

自動駕駛

圖像辨識

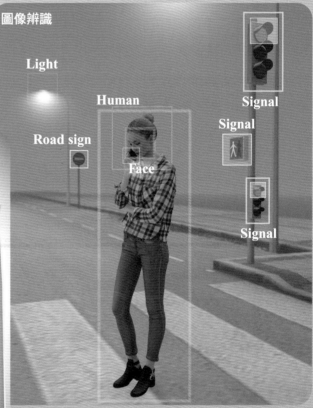

Light

Human

Signal

Signal

Road sign

Face

Signal

越過寒冬，春暖花開的人工智慧研究

「人工智慧」這個名詞誕生於1956年在美國達特茅斯學院（Dartmouth College）召開的研究會議上。此會議為以往使用於複雜計算和機械控制等方面的電腦，定調了未來方向將使用於「思考」。

此自1950年代就已經展開的人工智慧研究，度過二次的高峰與寒冬，現在可以說正式迎來春暖花開的氣象。

其中扮演關鍵因素的就是「深度學習」（詳情請看18頁說明）這個手法。科學家將深度學習納入人工智慧的設計中，就是要讓人工智慧具備僅有人類才具備的「創造性」和「靈感」。

實際上，科學家已經讓人工智慧嘗試撰寫小說、譜寫具披頭四風格的音樂、以及畫出像17世紀荷蘭畫家林布蘭（Rembrandt van Rijn，1606～1669）繪畫風格的畫。此外，將黑白畫像轉變成彩色畫像，或是將人類的塗鴉轉變成漂亮的完稿圖樣，對人工智慧而言，皆可謂「小菜一碟」。

人工智慧今後會進步到何種程度呢？請看本書介紹。

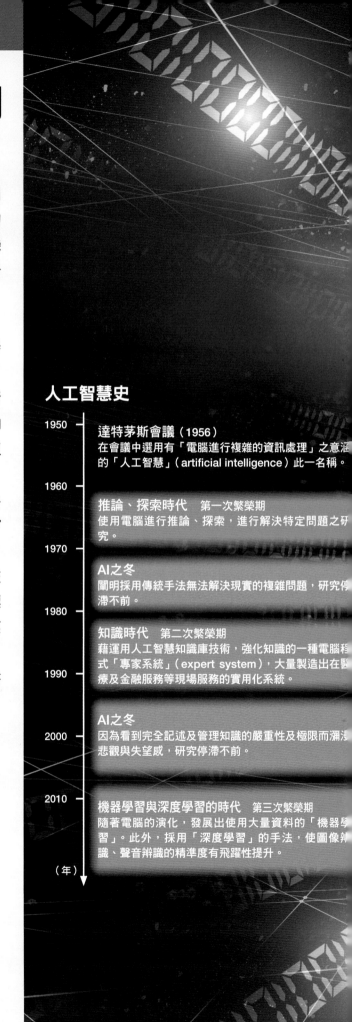

人工智慧史

年	
1950	**達特茅斯會議（1956）** 在會議中選用有「電腦進行複雜的資訊處理」之意涵的「人工智慧」（artificial intelligence）此一名稱。
1960	**推論、探索時代　第一次繁榮期** 使用電腦進行推論、探索，進行解決特定問題之研究。
1970	**AI之冬** 闡明採用傳統手法無法解決現實的複雜問題，研究停滯不前。
1980	**知識時代　第二次繁榮期** 藉運用人工智慧知識庫技術，強化知識的一種電腦程式「專家系統」（expert system），大量製造出在醫療及金融服務等現場服務的實用化系統。
1990	
2000	**AI之冬** 因為看到完全記述及管理知識的嚴重性及極限而瀰漫悲觀與失望感，研究停滯不前。
2010	**機器學習與深度學習的時代　第三次繁榮期** 隨著電腦的演化，發展出使用大量資料的「機器學習」。此外，採用「深度學習」的手法，使圖像辨識、聲音辨識的精準度有飛躍性提升。
（年）	

我們是如何辨識圖像的呢？

在第 1 章中，讓我們通過自動駕駛、醫療診斷所不可或缺的「圖像辨識」，來認識促使人工智慧具有飛躍性演化的革新技術「深度學習」的機制。

人工智慧究竟是如何「理解」這個世界的呢？現在假設眼前有顆紅色的草莓。就人類而言，根本不需經過任何運算，就連加法都不會的幼稚園小朋友，只要看到草莓立即就能直呼其名。

一看到草莓，我們的腦海中就會潛意識的提取「表面有顆粒」、「呈圓弧的三角形」等「特徵」，並統合這些特徵而辨識出這個東西是草莓（右上插圖）。

視覺資訊通過腦部的初級視覺皮質，分別傳到各區域

插圖所繪為人類辨識草莓的機制。當我們看到草莓時，從眼睛進入的視覺訊息會被傳送到位在腦部後方的「初級視覺皮質」（primary visual cortex），而在通過神經迴路的過程當中，資訊也同時被處理（右）。

讓我們以蘋果為例，更詳細認識此過程（下）。被傳輸到初級視覺皮質的訊息，再分別傳到顳葉等各腦區。在那裡，與形狀等要素統合（實際上，也有下面插圖所示路徑以外的途徑）。就這樣，最終我們能夠辨識所看到的物體是什麼。

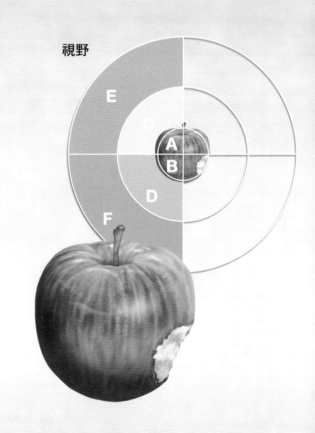

視野

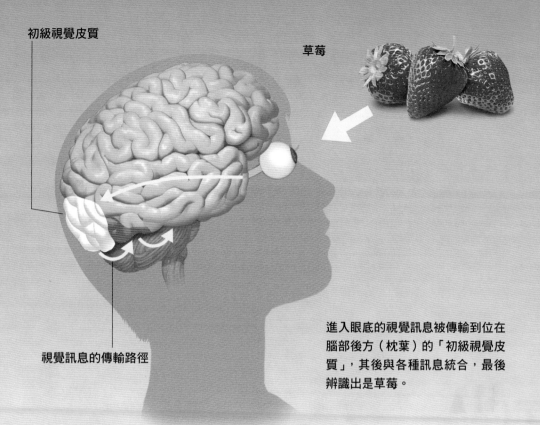

初級視覺皮質

草莓

視覺訊息的傳輸路徑

進入眼底的視覺訊息被傳輸到位在腦部後方（枕葉）的「初級視覺皮質」，其後與各種訊息統合，最後辨識出是草莓。

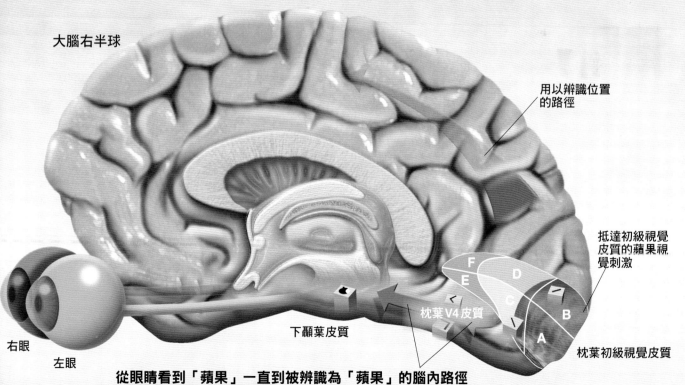

大腦右半球

用以辨識位置的路徑

抵達初級視覺皮質的蘋果視覺刺激

F
E
D
C
B
A

枕葉V4皮質

下顳葉皮質

枕葉初級視覺皮質

右眼

左眼

從眼睛看到「蘋果」一直到被辨識為「蘋果」的腦內路徑

隨著傳輸路線往前，線段的斜率、顏色等要素以形狀的形式統合在一起，最終就能辨識所看到的物體為何物了。從初級視覺皮質往下顳葉皮質（inferior temporal cortex）的路徑稱為「腹流」（ventral stream）或「認知流」（perception stream），圖中的藍色箭頭。當該路線因腦區受損而出現障礙時，會無法辨識所看到的物體是什麼（該症狀稱為「視覺物體失認」（visual object agnosia））。

11

電腦利用深度學習提取特徵

另一方面,如果將電腦的某些特別系統拿掉的話,就無法像人類這般輕易掌握草莓的特徵了。為什麼會這樣呢?原因在於電腦擅長的是加法、乘法這類單純計算的大量運算,而人類則擅長從所見之物擷取特徵,兩者擅長的部分截然不同。

儲存在人工智慧中的草莓圖像被分割成非常細小的「像素」(pixel),再將該像素分成位在圖像中哪個位置的「位置訊息」和該像素是什麼顏色的「色彩訊息」所代表的數值來處理。在電腦中,草莓的圖像僅是數字的羅列罷了。

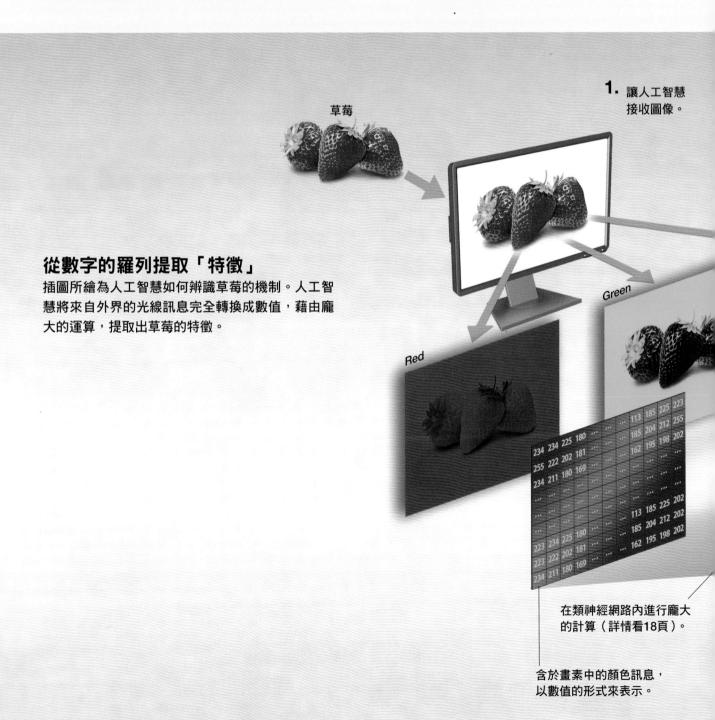

1. 讓人工智慧接收圖像。

草莓

Green

Red

從數字的羅列提取「特徵」

插圖所繪為人工智慧如何辨識草莓的機制。人工智慧將來自外界的光線訊息完全轉換成數值,藉由龐大的運算,提取出草莓的特徵。

234 234 225 180
255 222 202 181
234 211 180 169

113 185 225 223
185 204 212 255
162 195 198 202

113 185 225 202
185 204 212 202
162 195 198 202

223 234 225 180
223 222 202 181
234 211 180 169

在類神經網路內進行龐大的計算(詳情看18頁)。

含於畫素中的顏色訊息,以數值的形式來表示。

其後，人工智慧利用特別系統對數字的羅列進行數量龐大的計算，最後提取出草莓的特徵「表面有顆粒」、「呈圓弧的三角形」。

在此之前，想要讓人工智慧自行「提取特徵」是件非常困難的事。研究者必須針對「草莓是紅色的」、「草莓有綠色的果蒂」等逐一教導。但是想要將草莓的特徵完全言語化是不可能的，因此

過去想要開發高精確度、能夠辨識這個世界的人工智慧非常困難。

但是，現在使用「深度學習」，就能自行獲得自動提取這些特徵的規則。深度學習使用模仿腦部結構的「類神經網路」（neural network）系統來取得特徵。

2. 圖像是由非常微細的像素所構成。在像素中，紅色（<u>R</u>ed）、綠色（<u>G</u>reen）、藍色（<u>B</u>lue）的亮度以數值資料的形式包含於其中。若是「R255・G255・B255」的話就是白色，若是「R0・G0・B0」就是黑色。

3. 利用模仿腦部結構的「類神經網路」（詳情請看18頁說明），從草莓圖像提取出草莓的「特徵」。首先提取點、線這類單純的特徵，慢慢的成為複雜的特徵，最終表現出草莓的「概念」。

4. 利用類神經網路提取草莓的「特徵」，人工智慧「辨識」出圖像中的物體是草莓。

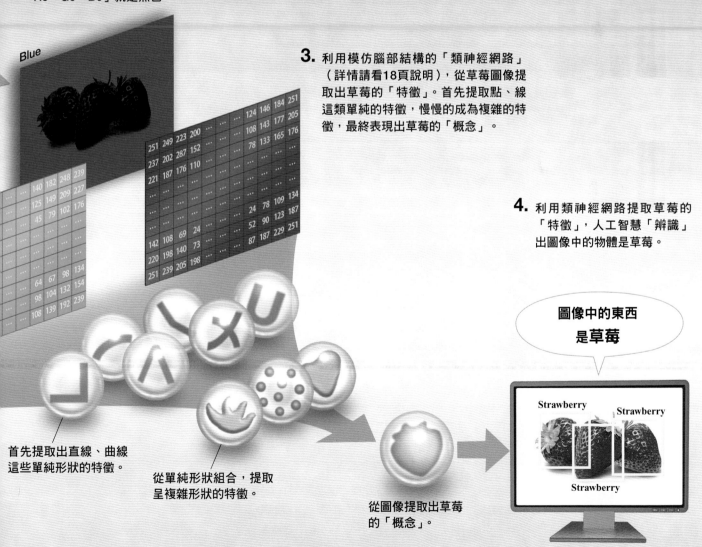

首先提取出直線、曲線這些單純形狀的特徵。

從單純形狀組合，提取呈複雜形狀的特徵。

從圖像提取出草莓的「概念」。

圖像中的東西
是草莓

13

眼睛所看到的物體影像，一度被視網膜

深度學習的機制乃是模仿大腦機制。因此，首先讓我們來看當我們辨識物體時，腦內究竟發生什麼樣的活動。

映入眼中的景色（光訊息）投影到位在眼睛深處的「視網膜」（1）。該訊息首先被傳到位在腦後方的初級視覺皮質（V1）的神經元（神經細胞）。但是，初級視覺皮質的個個神經元僅能接收來自非常狹窄範圍之視神經的訊息，

經過一層層後判斷出複雜形狀

插圖所繪為人類看到草莓時，視覺訊息的傳遞路徑。從視網膜進入的視覺訊息首先被分解成單純的線段。其後，在通過幾個視覺皮質的過程中，慢慢組合起來。最終，對草莓形狀會有反應的神經元活化，於是人類就知道這是草莓。

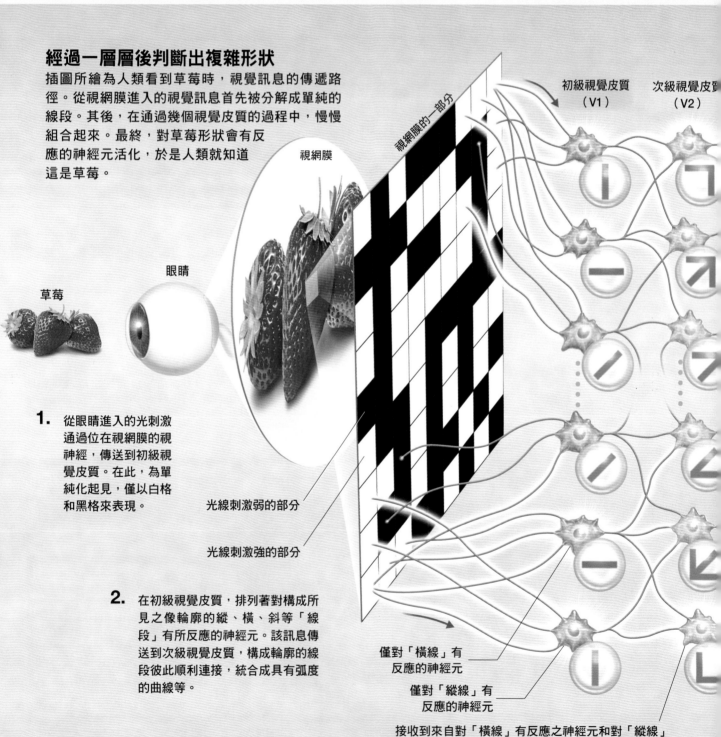

視網膜

視網膜的一部分

初級視覺皮質（V1）

次級視覺皮質（V2）

草莓

眼睛

1. 從眼睛進入的光刺激通過位在視網膜的視神經，傳送到初級視覺皮質。在此，為單純化起見，僅以白格和黑格來表現。

光線刺激弱的部分

光線刺激強的部分

2. 在初級視覺皮質，排列著對構成所見之像輪廓的縱、橫、斜等「線段」有所反應的神經元。該訊息傳送到次級視覺皮質，構成輪廓的線段彼此順利連接，統合成具有弧度的曲線等。

僅對「橫線」有反應的神經元

僅對「縱線」有反應的神經元

接收到來自對「橫線」有反應之神經元和對「縱線」有反應之神經元的訊號，而判斷是「折線」的神經元

分解

所以只能「判斷」縱線、橫線這樣單純的形狀（2）。

　　隨著初級視覺皮質的單純訊息被傳遞到次級視覺皮質、第三視覺皮質區並且統合，漸漸地就能判斷出複雜的形狀。於是，最終對像草莓這樣形狀有反應的細胞活化。結果，我們就能「辨識」位在眼前的物體是草莓（3）。

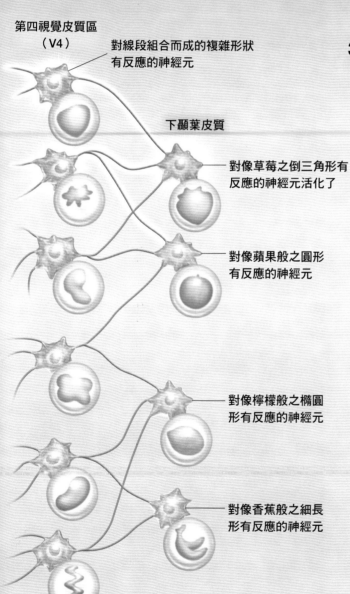

第四視覺皮質區（V4）

對線段組合而成的複雜形狀有反應的神經元

下顳葉皮質

對像草莓之倒三角形有反應的神經元活化了

對像蘋果般之圓形有反應的神經元

對像檸檬般之橢圓形有反應的神經元

對像香蕉般之細長形有反應的神經元

3. 來自次級視覺皮質的視覺訊息在傳遞過許多視覺皮質的過程中，逐漸變成複雜的圖像。當看到草莓時，在初級視覺皮質的許多神經元都活化了，但是最終只有對像草莓般的倒三角形有反應的神經元活化。再者，人類還會組合氣味和顏色等其他訊息，最後辨識出眼前的物體是草莓。

註：進入某神經元的訊號，是經過突觸加權處理後傳遞的（詳情請看16頁的解說）。因此，該神經元判斷的形狀，並不是單純地將前一層神經元所判斷之形狀加總而成的。

15

因為學習，神經迴路的連接發生改變

　　前頁的草莓視覺訊息藉由電訊號在神經元間流通來傳遞。但是，神經元彼此並未直接相連，而是利用稱為「突觸」（synapse）的構造，藉由突觸所分泌之化學物質的往來而能傳遞訊息。

　　突觸並非僅扮演從神經元將訊息傳遞到另一個神經元的角色。在進行訊息的「加權（權重）」（weighting）方面，也具有重要功能。藉由改變突觸的大小（結合強度），決定進入的訊息要以何種程度傳遞到下一個神經元。

　　小孩子每次看到形狀像草莓的東西時，就會問大人說：「這是草莓嗎？」，而大人則會教導說：「對啊！是草莓喔！」、「不是喔！」。透過這樣的「學習」，在小孩子的腦中，突觸的大小便有所改變。結果，就會形成只有看到草莓才會反應的神經迴路。

反覆學習相同的事物，突觸的形狀會發生改變

神經元是透過「突觸」這樣的結構接收來自其他神經元的輸入訊號。當該訊號超過一定大小時，就會被送往其他的神經元。目前已知在記憶新的事物時，突觸的形狀會發生變化。當反覆學習同樣事物時，因為訊號一再被送到相同的突觸，突觸就變大。如此一來，就能很有效率地接收訊號。另一方面，不太有訊號輸入的突觸就會逐漸變小、最終消失了。

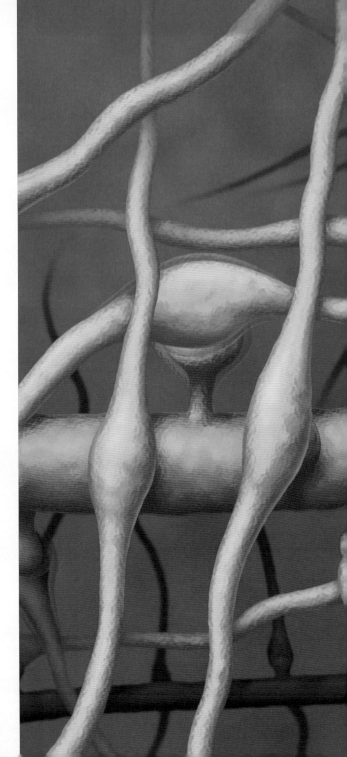

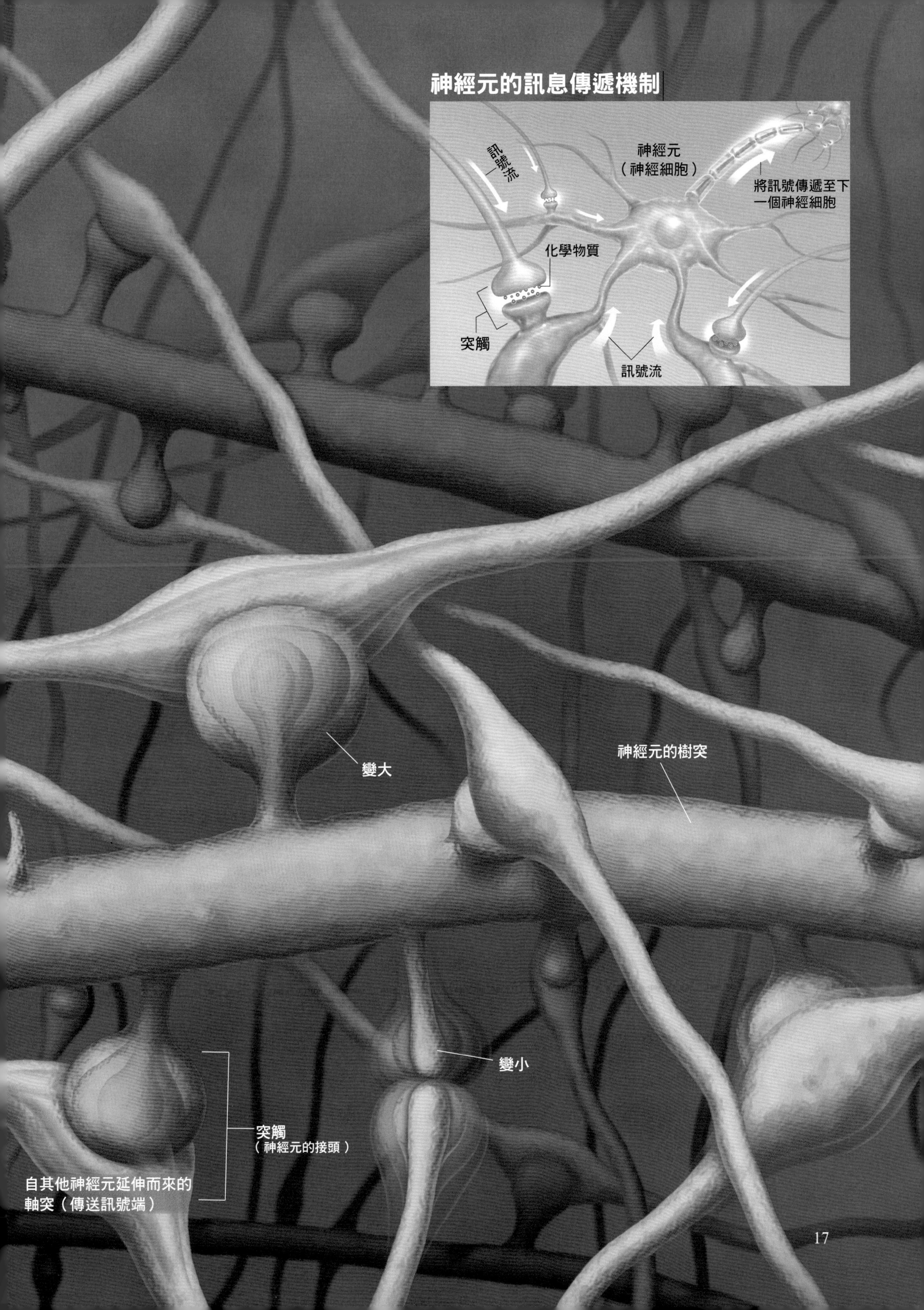

神經元的訊息傳遞機制

訊號流

神經元
（神經細胞）

將訊號傳遞至下
一個神經細胞

化學物質

突觸

訊號流

變大

神經元的樹突

變小

突觸
（神經元的接頭）

自其他神經元延伸而來的
軸突（傳送訊號端）

在電腦中形成神經網路的「深度學習」

　　研究人工智慧的東京大學松尾豐特聘副教授表示：「神經元的訊息傳遞主要是利用電訊號。我認為像這樣在腦內發生的訊息處理，在電腦上也是可能實現的。」

　　在電腦上，模仿神經迴路所形成的系統稱為「類神經網路」。類神經網路可分為接收資料的「輸入層」（input layer）、應學習內容而改變網路之連結方式的「隱藏層」（hidden layer），以及輸出最終資料的「輸出層」（output layer）。而每一層是由稱為「節點」（node）的虛擬區域所構成。在節點，誠如右頁邊欄所示般進行運算，以控制流通的訊息量。該作用相當於

機器辨識圖像的機制

插圖所繪為利用深度學習進行圖像辨識的機制。在電腦中，首先將圖像分解成像素。其後，通過表現線段的過濾器提取輪廓的程度，再將該線段逐漸組合起來。最終，藉由對草莓形狀有反應的節點活化，人工智慧辨識該圖像就是草莓。

輸入層

1. 顯示器中的圖像被分解成像素，輸入到輸入層。在此，為了單純化起見，僅以白格（0）和黑格（1）來表示。

2. 在靠近輸入層的隱藏層排列著會對構成圖像輪廓的縱、橫、斜等「線段」有所反應的節點。該訊息傳遞到下一層，構成輪廓的線段彼此順暢連接，統合成具有弧度的曲線。

表現線段的過濾器

反應位在圖像右下「往右上方斜之斜線」的節點

接收到來自反應「往右下方斜之斜線」的節點與來自反應「往右上方斜之斜線」的節點訊號之節點。

人類的神經元功能。

　　這樣的類神經網路重疊數層（加深）所形成的系統就是「深度學習」。當深度學習讀取圖像之時，就跟人類的視覺皮質一樣，在靠近輸入層的部分，只能判別簡單的形狀。但是，重疊多層之後，便能取得更複雜的特徵。最終，電腦能夠掌握草莓的概念。

　　這樣的深度學習機制與視覺皮質所進行的訊息處理機制非常相似，在某種意義上來說，可謂簡

單質樸的概念。

　　但是，深度學習的精準度一直沒辦法提升，直到2010年代都還是看不到曙光，其主要原因出在「學習」的部分。應該如何擷取草莓的特徵才好呢？應該如何設定權重才好呢？人工智慧長年以來都無法產生如前述這般自動學習的洗練學習方法。人工智慧能夠提取特徵的祕訣，請看次頁的詳細說明。

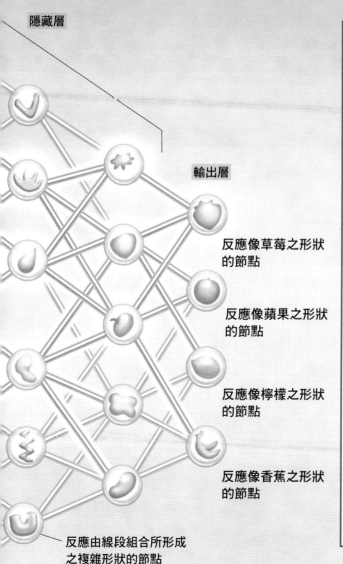

隱藏層

輸出層

反應像草莓之形狀
的節點

反應像蘋果之形狀
的節點

反應像檸檬之形狀
的節點

反應像香蕉之形狀
的節點

反應由線段組合所形成
之複雜形狀的節點

類神經網路的運算

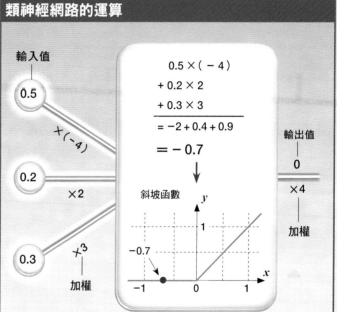

輸入值

0.5

×（−4）

0.2

×2

0.3

×3

加權

$$0.5 \times (-4)$$
$$+ 0.2 \times 2$$
$$+ 0.3 \times 3$$
$$= -2 + 0.4 + 0.9$$
$$= -0.7$$

斜坡函數

輸出值

0

×4

加權

−0.7

上面所示為類神經網路的各個節點究竟進行什麼樣計算的簡圖。在中央層的節點，首先是將接收自左層節點的值進行加權，計算其和。其後，為了方便與下一層的計算，將該數值先經過「整理」然後再輸出。在上例中，利用將所有負值皆轉換成0的「斜坡函數」（ramp function），將計算結果「−0.7」轉換為「0」。結果，正中央的節點成「關閉狀態」。換句話說，訊息不會傳遞給下一個節點。

　　就像人類的神經元藉由學習使突觸大小發生變化一樣，人工智慧利用「機器學習」（詳情請看次頁說明）使加權的值發生變化，以提高精確度。

3. 由於每經過隱藏層就會將前層所得到的訊息進一步組合，因此可以判斷複雜的圖像。各節點究竟判斷什麼樣的圖像，人工智慧可根據「機器學習」（詳情看次頁說明）自動取得。於是，最終便可獲得「草莓」這種水果的「概念」。

註：進入某節點的訊號，是經過訊息的加權處理後傳來的。因此，該節點判斷的形狀，並不是單純將前一層的節點所判斷之形狀加總而成的。

認識電腦「學習」的機制

　　所謂「機器學習」係指讓人工智慧一再的嘗試錯誤，讓節點與節點的連結（加權）逐漸變化，最終能夠得到正確結果。

　　這裡讓我們以將草莓和蘋果予以分類的學習法為例做個說明吧！學習前的人工智慧，所有權重（加權）都是隨機的值，也不知道應該注目圖像的何處（不知草莓具備什麼特徵，請看STEP1和２）。

　　假設將草莓的圖像輸入到人工智慧中，結果它誤判為蘋果（３）。這樣的情況意味著加權的值與特徵的提取方法錯誤。因此，人工智慧必須具備調整能力，可自動變化從輸出層到輸入層之隱藏層的權重，以便能導出正確答案（草莓）的機制（４）。

人工智慧的「學習」就是縮小輸出結果與正確答案的誤差

插圖所繪為人工智慧「學習」機制的最初階段。在最初階段，既無法從圖像正確提取草莓的特徵，也無法正確加權，人工智慧無法辨識究竟是草莓還是蘋果。因此，進行分類結果與正確答案的核對，為了縮小輸出結果與正確答案的誤差，人工智慧會自行改變權重（加權）。

STEP1. 輸入圖像
輸入草莓的圖像。在此草莓圖像上有著人類所貼的正確答案「草莓」標籤。

類神經網路所提取的特徵

STEP2. 分類
在初期階段，無法提取用以區分蘋果與草莓的特徵，也不清楚適切的加權。首先，是將全部加總起來，取其平均值。

STEP3. 輸出結果
比較蘋果的機率和草莓的機率，輸出結果。在本次例子中，是無法判別究竟是草莓還是蘋果。

機器學習的最初階段

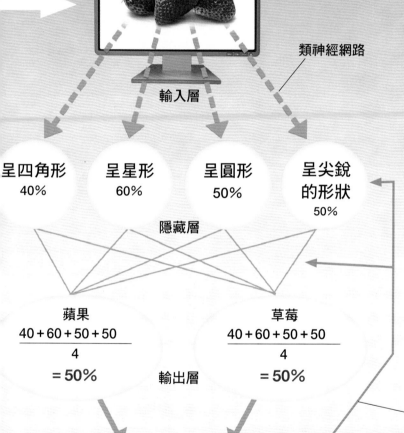

草莓

類神經網路

輸入層

呈四角形	呈星形	呈圓形	呈尖銳的形狀
40%	60%	50%	50%

隱藏層

蘋果
$$\frac{40+60+50+50}{4}=50\%$$

輸出層

草莓
$$\frac{40+60+50+50}{4}=50\%$$

改變權重

STEP4. 核對答案

核對貼在圖像上面的標籤（正確答案）與輸出結果。於是，為了縮小輸出結果與正確答案兩者的誤差，人工智慧會自行改變線的連結情形（加權）。結果，被提取的特徵也會改變。這就是「機器學習」。

以深度學習來說，就是從輸出層朝輸入層回溯更多的隱藏層，變更所有的加權。

	蘋果	草莓
推導出來的答案	50%	50%
實際的答案	0%	100%
誤差	50	50

誤差的合計：100

草莓的機率為 50%

嗯！好像還差一點

網際網路的普及使人工智慧變聰明

人工智慧在經過幾百張、幾千張的反覆學習之後，漸漸能夠推導出正確的答案（5、6）。

誠如18頁也曾提到的，深度學習一直以來都有不足以實用化的精準度欠缺的問題。主要原因在於隨著層次的加深，核對答案（check answers）的影響無法傳遞到隱藏層，以致加權無法達到最適化的緣故。

但是，近年來由於核對答案的方法有所改良，再加上藉由在正式的機器學習之前，讓人工智慧「預先訓練」（pre-training），因此能以非常高的效率學習。

此外，隨著網際網路的普及，所能使用的圖像資料爆炸性增加，很容易就能進行機器學習，而專供人工智慧運算用的中央處理器（CPU）也在開發中，這些都可以說是現在人工智慧性能飛躍提升的重要因素。

反覆「學習」的結果，人工智慧能夠正確辨識圖像

插圖所繪為人工智慧「學習」機制的最終階段。人工智慧讀入大量的圖像，藉由自行核對答案的機制，而能以相當高的精準度辨識圖像。

STEP5. 輸入大量的圖像

為讓人工智慧進行機器學習，大量輸入草莓與蘋果的圖像。此時，蘋果圖像上也有人所貼的「蘋果」標籤，草莓圖像上貼有「草莓」的標籤。

關於「呈尖銳的形狀」，「有粗粗的顆粒」的特徵，在朝向草莓路徑的權重設為1，朝向蘋果路徑的權重設為0。

相反地，關於「呈圓形」，「光滑的」的特徵，在朝向蘋果的路徑權重則設為1，朝向草莓路徑的權重設為0。

機器學習的最終階段

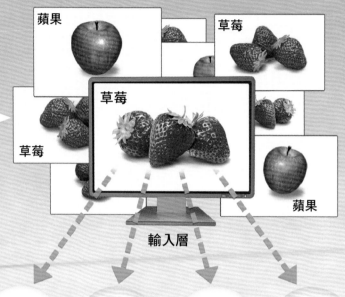

蘋果　草莓　草莓　草莓　蘋果

輸入層

呈圓形
20%

呈尖銳
的形狀
80%

光滑的
10%

有粗粗
的顆粒
90%

隱藏層

蘋果
$$\frac{20+10}{2}$$
$$=15\%$$

草莓
$$\frac{80+90}{2}$$
$$=85\%$$

輸出層

草莓的機率為 85%

感覺應該
對了！

STEP6. 藉由學習獲得適切的
　　　特徵與權重

針對為數眾多的圖像，一個一個地予
以分類，進行答案核對的工作，再將
誤差縮小。以本例子來說，與當初的
誤差合計為100相較，獲知此次因經過
反覆的機器學習，誤差縮小到30。藉
由這樣的計算，人工智慧能將蘋果和
草莓適切的分類出來。

	蘋果	草莓
推導出來的答案	15%	85%
實際的答案	0%	100%
誤差	15	15

誤差的合計：30

利用未給予正確答案的學習而變強的人工智慧

　　前面已經以圖像辨識為例說明深度學習的機制。然而，深度學習的活用例卻僅非如此。

　　我們聲音的本質是空氣振動所產生的「聲波」（acoustic wave），而波的特徵就是可以「頻率」（每1秒波振動的次數）的數值來表示。將頻率輸入到人工智慧，即可進行「語音辨識」（speech recognition）。智慧音箱「GoogleHome」和「Amazon Echo」都是使用深度學習來「理解」語言的意義。

　　此外，不管是日語或英語等的單字也都能以「文字碼」的形式置換成數值。於是，就能運用在像翻譯這類的「自然語言處理」（natural language processing）上面。2016年，Google公司發表可在網站上使用的Google翻譯軟體使用了深度學習技術。這樣一來，翻譯的精準度有了長足的提升（詳情請看48頁說明）。

　　誠如本章一開始所舉的圍棋軟體「AlphaGo」也是採用深度學習技術。AlphaGo讀入了為數龐大的過去職業棋士們對弈過程中所出現的圍棋配置模式，然後用來判斷自己在現在的局勢中究竟是有利還是不利。

　　開發AlphaGo這個人工智慧圍棋軟體的英國DeepMind公司，又在2017年10月發表僅給予圍棋規則的「AlphaGo Zero」，在短短的40天內就超越了AlphaGo的所有舊版本（右邊圖表）。

　　AlphaGo Zero所使用的手法稱為「強化學習」（reinforcement learning）。在強化學習中，研究者不需要教導人工智慧過去的對弈記錄（棋譜），或是正確的手筋（圍棋術語，出自日本，意思是局部對弈中的最佳妙招）。取而代之的是讓人工智慧彼此對弈，下出最多致勝妙招的就能獲得「報酬」（酬賞）。人工智慧為了獲得更多的報酬，換句話說就是取得更多的勝利，就會在嘗試錯誤的過程中學習到最適當的妙招。這種不使用過去資料而使實力變強的結果，或許可以說顯示了人工智慧逐漸脫離人類的掌控而不斷進化。

僅40天就轉變成最強圍棋軟體的「AlphaGo Zero」

下面是顯示AlphaGo Zero之強度變化的圖表。僅被輸入圍棋基本規則的AlphaGo Zero憑著自己與自己對弈而找到最佳的路數，僅僅只用了40天就變得比先前開發的AlphaGo任何版本都要強。

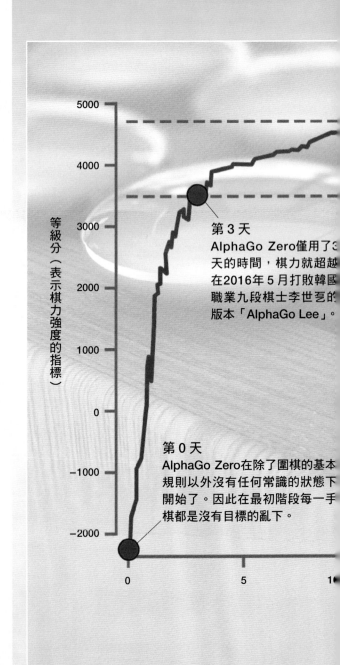

等級分（表示棋力強度的指標）

第3天
AlphaGo Zero僅用了3天的時間，棋力就超越在2016年5月打敗韓國職業九段棋士李世乭的版本「AlphaGo Lee」。

第0天
AlphaGo Zero在除了圍棋的基本規則以外沒有任何常識的狀態下開始了。因此在最初階段每一手棋都是沒有目標的亂下。

左邊照片是在「中國烏鎮圍棋峰會」（Future of Go Summit）舉行之AlphaGo Master和柯潔九段三番棋比賽的情形（2017年5月23日）。左為柯潔九段，右為代表AlphaGo Master在棋盤上落子的DeepMind研究員黃士傑博士。當時在三局決勝負的對弈中，AlphaGo Master以三局全贏的好成績大獲全勝。

第 21 天
AlphaGo Zero在第21天，棋力超越在2017年5月打敗人類最強圍棋棋士柯潔九段的版本「AlphaGo Master」。

第 40 天
AlphaGo Zero完全不使用人類的對弈記錄（棋譜），僅憑藉自己與自己對弈，實力增強到超越AlphaGo所有版本。

（日）

| 15 | 20 | 25 | 30 | 35 | 40 |

愈來愈有可能預測未來的人工智慧

前面所說的深度學習主要使用於像是靜止畫面般「靜止的（不會伴隨時間流）」訊息。但是像動畫這類需要預測其未來發展的資訊，就無法使用傳統的深度學習技術。

因此，最近備受矚目的技術就是「遞歸神經網絡」（recurrent neural network，RNN）。所謂「遞歸」就是「循環」之意，意味著在處理現在時刻的資訊時，必須先統合稍前一刻的資訊後再處理，然後再輸出。這也可以說是學習較早前之自我狀態的機制。

我們掌握時時刻刻都在變化的風景，預測物體的動作，決定下一個行動。舉例來說，當有一個球從正面飛來時，我們會反射性避開。但是現在的人工智慧卻無法像人類一樣，進行這種理所當然的預

從影像預測未來的「遞歸神經網絡」

下面圖像的上半部是實際由行車記錄器拍攝的影像，下半部是以 0 秒的影像為基礎，由遞歸神經迴路（RNN）預測未來所製作出來的影像。隨著時間的經過，我們發現RNN能夠極正確地預測到模糊飛逝而去的車子動作和景色移動。在https://coxlab.github.io/prednet/可以觀看到實際由RNN製作出來的各種影像（圖像中的紅色圓圈是編輯部添加上去的）。

（出處：William Lotter *et al.* ICLR 2017）

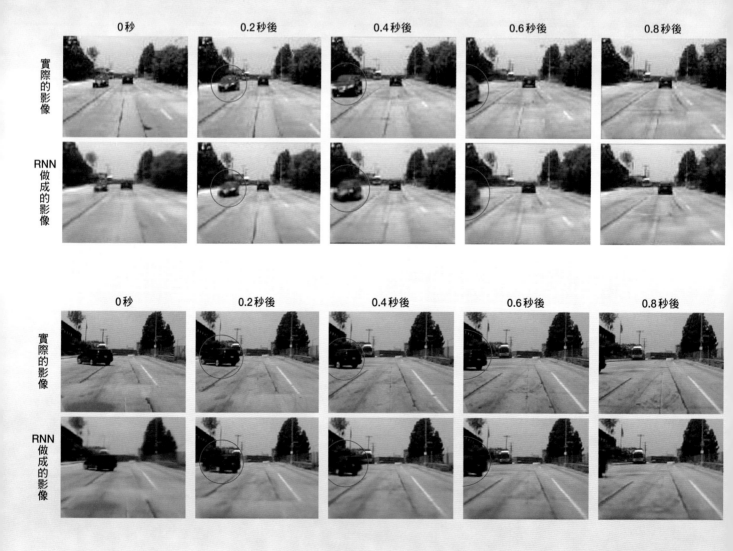

測。這是為什麼呢？球運動之影像實體只不過是1張張靜止畫面的快速播放，人工智慧很難理解要將這些靜止畫面連結在一起。對於「時間」，人工智慧實在難以理解。

在我們的腦內，球的視覺訊息從初級視覺皮質傳遞到次級視覺皮質，然後又被傳遞到高級視覺區（higher visual area）。另一方面，也有從高級視覺區往初級視覺皮質「逆流」的訊號。研究者認為這是將前面傳遞出去的訊息與後來傳來的訊息予以統合，修正物體的動作，以便能夠正確掌握。人工智慧所搭載這種將「訊息逆流」的技術稱為RNN。

下面圖像是使用RNN預測對向車的動作。由圖像可以得知，雖然是在還不到1秒的未來，但還是能夠正確預測。利用這種可以預測未來的技術，說不定可以防範自動駕駛車事故於未然。　　　　●

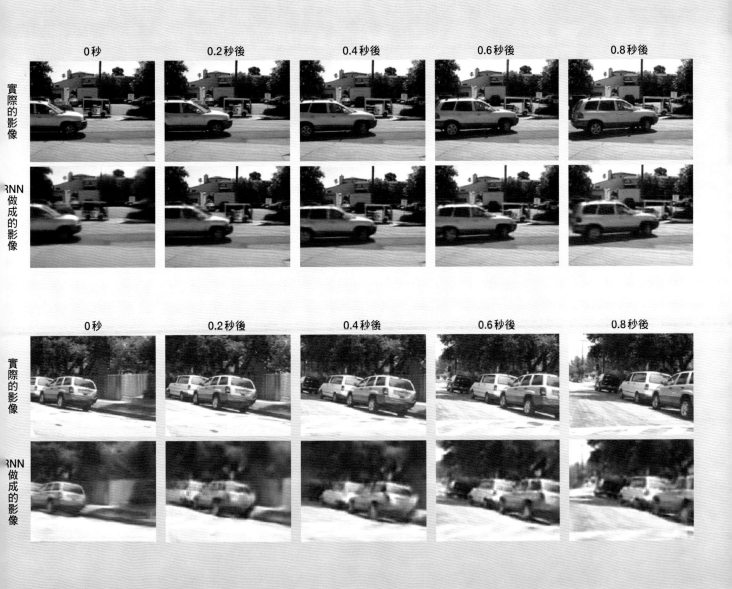

0秒　　0.2秒後　　0.4秒後　　0.6秒後　　0.8秒後

實際的影像

RNN做成的影像

0秒　　0.2秒後　　0.4秒後　　0.6秒後　　0.8秒後

實際的影像

RNN做成的影像

人工智慧的最新應用技術

協助　松尾 豐／乾 健太郎／大澤昇平／佐久間 淳／佐藤多加之／中川裕志／村川正宏／山川 宏／木邦仁／山田真善／結城賢彌／須田義大／青木啟二／大口 敬／成田憲保／日本新能源・產業技術合開發機構／日本產業技術總合研究所／日本首都高技術株式會社／日本東北大學

人工智慧能夠自行學習人類所給予的資料特徵，以極高精準度找出正確答案。現在，利用該能力，人工智慧被應用在各式各樣領域。

　　舉凡醫療現場的診斷輔助、自動駕駛、基礎設施的劣化、損傷檢查，甚至是系外行星的探查等皆可看到人工智慧活躍的身影。在第2章中，將介紹人工智慧之應用技術的最前線。

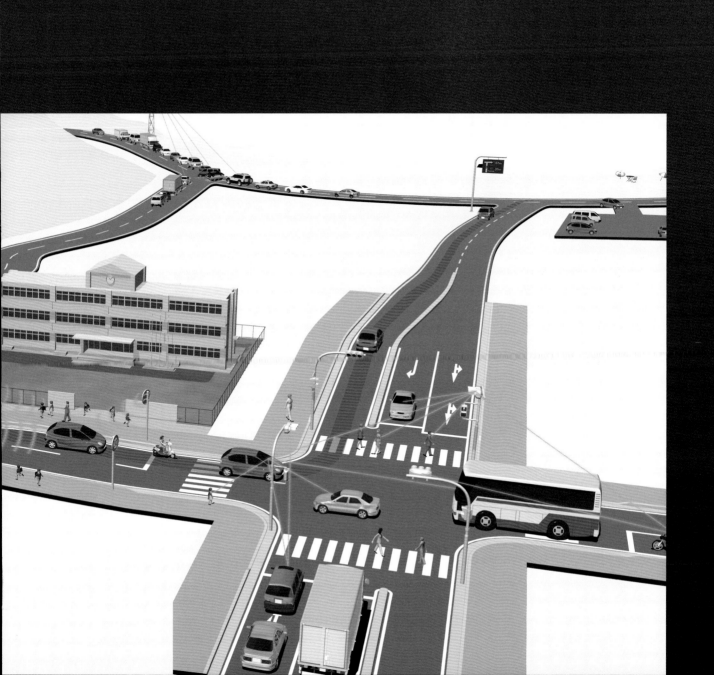

人工智慧理解動作、語言，朝社會發展！

下圖是預測人工智慧大約在何時、獲得什麼樣的能力。由於深度學習的出現，人工智慧辨識圖像中的東西為何物的能力，已經達到完全不遜於人類的精確度了，而且未來還會繼續提升（下圖的**能力1**）。

接著，人工智慧所獲得的能力，松尾特聘副教授舉出「使用複數的感覺訊息掌握特徵」這一點

（**能力2**）。就好像當聽到「春天」時，就會想像氣溫上升、花香瀰漫等等，我們不僅使用視覺訊息，也會使用溫度、聲音、氣味等複數的感覺訊息形成概念。今後，人工智慧也會在視覺訊息上面結合溫度、聲音等訊息，而能夠理解抽象性概念。

在接下來的階段，就是「獲得與動作相關的概

能力1. 正確分辨圖像

能力3. 獲得與動作相關的概念

2020 年

逐漸趨近人類的人工智慧

插圖所繪為日本東京大學松尾特聘副教授所推測，獲得深度學習手段的人工智慧未來將會如何演化的未來預想圖。有關可獲得各能力的時期僅是大略的預測。

根據研究認為，每當人工智慧獲得新的能力時，人工智慧的活躍領域就會更加擴展。特別是與動作相關的概念，可以說是機器人在人類社會實際行動所必須的能力。

能力2. 使用複數的感覺訊息掌握特徵

念」（**能力3**）。以「開門」為例，就是組合自己的動作（例如：推門）與動作所造成之結果（門往裡面打開）的概念。倘若沒有這樣的動作概念，那麼就無法訂定像是機器人「打開門，走到隔壁房間」的行動計畫了。

自己能夠行動的機器人在現實世界累積各式各樣的經驗，就能「獲得通過行動的抽象性概念」（**能力4**）。玻璃杯很堅硬這樣的抽象概念（感覺），是在實際碰觸過各種材質的杯子，或是在玻璃杯掉落、破碎後所獲得的。這樣的感覺，是

每天與人類生活在一起，必須負責家事和看護工作的機器人所必須的。

再更進一步就是「理解語言」的能力（**能力5**）。即使現在語音辨識、自動翻譯等與語言相關的技術已經非常進步了，但是人工智慧還是無法像人類一樣理解語言的真正意涵（詳情請看48頁說明）。倘若能夠理解語言，人工智慧就能從網際網路上的資訊「獲得知識和常識」（**能力6**）。

能力5. 理解語言

2030 年

能力4. 獲得通過行動的抽象性概念

能力6. 獲得知識和常識

不斷進化的將棋程式

在日本，自古以來將棋棋士在社會上都獲得相當多的尊敬，主要是因為他們在將棋對局中所展現的深思熟慮和靈感，都是高度智慧的結晶。而有雄心壯志挑戰這些棋士，從很早以前就持續研究至今的人工智慧就是「將棋程式」。

如何讓人工智慧擅長下棋？

人工智慧的想法早在中世紀就有了，但是真的成為實際研究對象則是從電腦誕生的1940年代才開始的。

當初，人工智慧設定的目標之一就是能夠下好西洋棋或日本象棋，而原因就如同前面所說的一樣，能夠下好西洋棋或日本象棋即是一種高度智慧的表現。

日本象棋（將棋）是一種在9×9格的棋盤上所進行的日本傳統兩人對弈遊戲，對戰的雙方分別擁有走法不同的8種20顆棋子，每次只能夠移動一顆棋子，只要能擒拿敵方的「王將」，就是贏家。

那要如何使電腦能夠下日本象棋呢？日本象棋程式「Bonanza」的開發者，日本電氣通信大學的保木邦仁副教授表示：「如果只是要電腦下棋的話，那很簡單。因為日本象棋有明確規則可循，因此只要將其程式化即可。但是如果要讓電腦下一手好棋，則絕非易事。這是因為要處理的內容極為龐大之故。」

Bonanza可在1秒內讀取約400萬手的棋步。或許有人認為能夠讀取如此數量的棋步，只要讀到最後為止，應該一定會勝利。但事情並非如想像中的如此單純。

日本象棋是互相輪流各下一手（步）。至於要怎麼下，下到哪裡，可以用如上圖的「分支」形式表現。一般來說，日本象棋平均每一手都可能存在約80種的走法，而要走到分出勝負，平均需要120手。

換句話說，要完全讀取所有的走法，根據單純的計算，需要80×80×80×……，亦即一共需要預測80乘以120次的局面，這約是 2×10^{228}（2的後面有228個0），是一個極為龐大的數值。因此就目前的階段，就算電腦的計算速度再快，也無法完全讀完所有的棋步走法。

如何讓人工智慧也能有「靈感」？

如果無法將所有的棋步走法完全讀完，那麼就需要進行局勢的評估，亦即必須判斷哪種局面有利，哪種局面不利。

棋士能夠馬上判斷「目前局面險惡」或「穩如磐石」，這是棋士累積大量經驗而來的。在現階段，這些「經驗」並無法用某種公式正確表現，因此，電腦並無法像棋士一樣，能夠評估局面的優劣。

電腦如果要評估局面的優劣，必須分別對每種局面加以評分。用說的很簡單，但其實這是一項極為艱難的作業。例如，電腦必須對上圖的局面1-1和局面1-2加以評分，才能評估局面的優劣。並且對於這些為數龐大的局面，需一一進行評分作業，相信各位已經知道這是一項多麼令人煩惱的龐大作業了。但是如果人不去為電腦執行該項作業，那麼電腦也無法判斷要下哪一手才算是好棋。

對於局面的評估，保木副教授如下表示：「目前為止，局面的評估主要是由人手調整。但在開發Bonanza時，我們認為正因為這項作業內容龐大，才應該讓電腦處理，因此我們製作出『局面評分公式』的程式，讓Bonanza本身利用該公式，對局面予以評分。」

日本象棋具有悠久歷史，因此留有許多棋士們竭盡全力戰鬥對局的結果（棋譜）。Bonanza會讀取這些棋譜，並為了儘可能達到如這些強勁棋士的棋步，也會修正局面評分公式。Bonanza藉由這種「機器學習」，使棋藝得以突飛猛進。

在1990年代初期，大部分的棋士都認為日本象棋軟體要在21世紀中擊敗職業棋士是極為困難的事。但是在2007年，Bonanza卻對渡邊明龍王（當時）造成強大威脅，而於2010年，日本象棋軟體「阿伽羅2010」（Akara 2010）擊敗了日

電腦如何下日本象棋？

右圖為電腦在下日本象棋之際使用的「極小極大策略」（minimax strategy）概要。

現在是對方下▲7六步時。在此為了簡略之故，假設每步棋有兩種棋步的走法，到對手走第二步棋為止，共可讀出4種局面。

如右圖所示，在第二步棋時的局面分數為50～300分。或許有人認為為了取得局面最佳分數──局面2-2（300分），電腦應該選擇走△3四步。但在此種情形時，對方為了使電腦局面處於劣勢（使自己的局面處於優勢），可能會走▲2六步，形成「局面2-1」的情況，這樣一來，局面的分數則只有50分。

而如果走△8四步，對方可能下的最佳棋步為▲6八銀，此時即形成「局面1-2」的情況，分數為150分。因此，電腦選擇走△8四步。

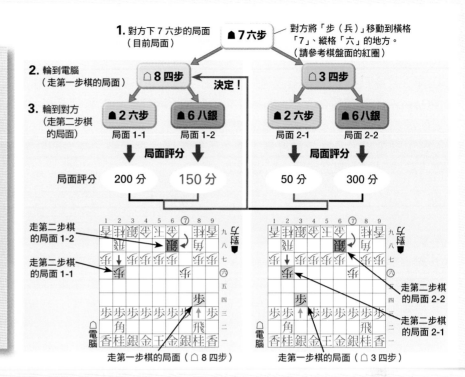

1. 對方下7六步的局面（目前局面）　▲7六步　對方將「步（兵）」移動到橫格「7」、縱格「六」的地方。（請參考棋盤面的紅圈）

2. 輪到電腦（走第一步棋的局面）　△8四步　決定！　△3四步

3. 輪到對方（走第二步棋的局面）　▲2六步 局面1-1　▲6八銀 局面1-2　▲2六步 局面2-1　▲6八銀 局面2-2

局面評分　局面評分

局面評分　200分　150分　50分　300分

走第二步棋的局面1-2　走第二步棋的局面1-1　走第二步棋的局面2-2　走第二步棋的局面2-1

走第一步棋的局面（△8四步）　走第一步棋的局面（△3四步）

上面插圖為電腦如何判斷下一步棋走法的示意圖。電腦係根據電腦規則展開棋步，這就是電腦的「讀」。在該階段，並不判斷局面的好壞，之後，電腦會根據載入程式內的「局面評分公式」，將每個局面進行評分（局面評估）。根據分數的優劣，決定下一步棋的走法。「局面評分公式」可以藉由讀入棋譜，讓自己更為精練（請參考內文說明）。

本女流王將（當時）──清水市代，接著在2012年，日本象棋軟體「Bonkras」戰勝擁有永世棋聖稱號的米長邦雄。

2013年，現役的男性職業棋士也與日本象棋軟體對決。當時就有人預測或許在不久的將來，日本象棋軟體即可打敗現役名人。

不倚靠棋士的棋譜來學習

在2013年3～4月，5種日本象棋軟體與現役男性職業棋士對戰。首戰由職業棋士取得勝利，第二戰是日本象棋軟體「Ponanza」（該名是向『Bonanza』致敬而取的，是與Bonanza不同的軟體程式）戰勝佐藤慎一四段（當時），是史上首度戰勝現役職業棋士的日本象棋程式。第三戰以後，日本象棋程式未嘗敗績，最終取得3勝1平1負的好成績。其後，Ponanza在2017年與佐藤天彥名人對弈，此局亦將勝利納入囊中。就這樣，日本象棋程式戰勝頂尖職業棋士的時代就此來臨。

Ponanza採取所謂「強化學習」的學習方法。

在此之前，日本象棋軟體的學習方法都是仰賴大量的棋譜，從中學習高招。但是強化學習卻不仰賴棋士的棋譜，而是讓日本象棋程式彼此反覆對戰，累積了人類所不可企及的龐大對局經驗，從對局經驗中學習到超強的弈棋高招。因為採用了強化學習，日本象棋軟體實力變得更強大了。

日本象棋、西洋棋、圍棋的棋藝都超強的「AlphaZero」

2016年，人工智慧發生重大革命。在此之前被認為很難戰勝人類的圍棋程式出現了實力超強的「AlphaGo」（詳情請看次頁介紹），它戰勝了頂尖的職業圍棋高手。2017年又推出更強的「AlphaGo Zero」，其後又推出不論在日本象棋、西洋棋、圍棋等不同領域都擁有最佳戰績的「AlphaZero」。

目前已超越棋士，而演變成程式彼此競爭最強頭銜之棋盤遊戲（Board Game）的人工智慧，今後將會進化到什麼樣的境界呢？且讓我們拭目以待。

人工智慧圍棋程式勝過職業棋士

何謂人工智慧自我學習的「深度學習」？

2016年3月9日到15日舉行了圍棋的歷史性對弈。由韓國世界級圍棋九段職業棋士李世乭，與美國谷歌公司（Google）及英國Google DeepMind公司所開發的人工智慧圍棋程式「AlphaGo」對戰5局。一反大部分人所認為九段棋士李世乭有壓倒性勝算的推測，最後竟以AlphaGo取得4勝1負的比賽結果告終。該事實不僅讓職業棋士及圍棋愛好者，連人工智慧學者都受到了莫大的衝擊。據表示，AlphaGo的實力是透過模仿人腦機制的「深度學習」而養成的。

協助：松尾 豐 日本東京大學工學系研究科研究所特聘副教授

所謂人工智慧（AI）乃指「有如人類智慧的人造智慧」，也就是說電腦具有像人類一樣，可認知事物並下判斷的功能。智慧手機所安裝的聲音對話功能就是其中一例。

原本認為在圍棋方面是人類比較強

測試人工智慧性能的其中一種方法，就是與人類進行比賽。目前為止，專為西洋棋或日本象棋（將棋）設計的人工智慧都一一贏過人類的下棋高手。

不過，多數人工智慧研究者都認為，圍棋人工智慧要能贏過人類，最快也要幾年之後，主要理由有下列二項。

首先，棋盤上能放置圍棋棋子的位置非常多。圍棋是在畫有橫豎各19條線的棋盤上進行，由玩家交互將黑色及白色棋子一次一顆放在線與線的361個交點上。棋子的配置方式有超過10的190次方種，要完全計算出棋子的所有配置方式，即使是電腦，以目前的性能來說是不可能的。

另一個理由是，圍棋的棋子沒有分強弱。在西洋棋或日本象棋中，棋子的強弱取決於棋子可移動的範圍。只要寫出吃掉對方強的棋子就能得高分的程式，人工智慧就能夠思考出得到高分的棋步。不過圍棋是以棋子圍住的面積來決定勝負，必須思考複數棋子所圍起來的面積，而這也讓計算變得更為複雜。

模仿人腦的機制進行學習

人工智慧「AlphaGo」使用的是模仿人腦機制的「深度學習」方式，是有如人類嬰兒學習事物一般，自行學會圍棋的。

例如，當人類看到一隻貓時，會將「長尾巴」、「尖耳朵」等資訊從視覺輸入進腦部，再由腦部判斷這是一隻貓。一般認為，腦中具有會對貓的各種特徵做出反應的神經元（神經細胞），透過數個神經元之間的連結（神經迴路），最後才會判斷這是一隻

模仿人腦機制進行自主學習的「深度學習」

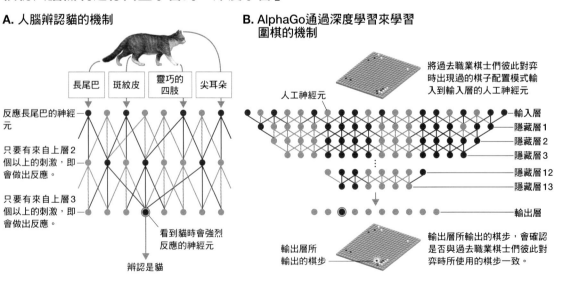

A. 人腦辨認貓的機制

長尾巴　斑紋皮　靈巧的四肢　尖耳朵

反應長尾巴的神經元

只要有來自上層2個以上的刺激，即會做出反應。

只要有來自上層3個以上的刺激，即會做出反應。

看到貓時會強烈反應的神經元

辨認是貓

B. AlphaGo通過深度學習來學習圍棋的機制

人工神經元

將過去職業棋士們彼此對弈時出現過的棋子配置模式輸入到輸入層的人工神經元

輸入層
隱藏層1
隱藏層2
隱藏層3
隱藏層12
隱藏層13

輸出層

輸出層所輸出的棋步

輸出層所輸出的棋步，會確認是否與過去職業棋士們彼此對弈時所使用的棋步一致。

A：人腦中具有會對貓各種特徵做出反應的神經元（神經細胞）。做出反應的神經元會傳遞刺激，最後讓我們認知這是一隻貓。重複多看過幾次貓，特定的神經迴路就會被增強，變得立刻就能判斷對象是一隻貓。

B：AlphaGo的深度學習是將過去在職業棋士彼此之間對弈中出現過的棋子配置模式，輸入到輸入層中的人工神經元。訊號會接著傳遞到下層的人工神經元，最後由輸出層輸出接下來的棋步。輸出的棋步若與職業棋士的棋步一致，該訊息息傳遞的路徑就會增強。

貓（左頁插圖）。一再重複看到貓，特定的神經迴路就會增強，最後馬上就能判斷這是一隻貓。

模仿這個機制的是稱為「深度學習」的方法。深度學習會在電腦程式內建立起「人工神經元」（artificial neuron，相當於人類的腦神經元）層。當資訊輸入到「輸入層」中的人工神經元時，訊號便會一個個傳送到下方「隱藏層」中的人工神經元，而輸入資訊的答案則由最下層的「輸出層」輸出。若該答案是正確的，人工智慧就會判斷訊號傳遞的路徑正確，構成路徑的人工神經元連結便會被強化。反之，若答案不正確，構成路徑的人工神經元連結便會被弱化。

比較電腦輸出的棋步與職業棋士的棋步

首先，AlphaGo透過深度學習，學會如何預測職業棋士的下一步。AlphaGo中輸入的資訊，包含過去職業棋士們彼此對弈中出現過的3000萬筆棋子配置模式。各配置模式中，表示棋盤上361個交點分別有無放置棋子以及棋子之間關係等48種特徵，也輸進了輸入層的1萬7328個人工神經元中。

1個下層的人工神經元，會從數個上層的人工神經元接受到資訊。藉由一步步將資訊整合在少數人工神經元中，便能有效率地大致掌握整體的棋子配置模式。

這個步驟透過13個隱藏層重複進行，之後會在輸出層輸出下一步棋。接著比對輸出層所輸出的棋步，是否與過去職業棋士們彼此對戰時所下的棋步一致，藉此判斷訊號的傳遞路徑是否正確。

AlphaGo便是如此這般，自行學習該對棋子配置模式的何處放多少心力關注，以及該如何走下一步棋。

接二連三擊敗頂尖棋士

使用深度學習，讓AlphaGo所輸出的棋步，有57%是與過去職業棋手之間對弈時使用過的棋步一致（當時最高等級圍棋軟體的一致率是44%）。此外AlphaGo也使用透過深度學習而得到的「重點資料」，學習從棋子的配置模式預測比賽的最後勝利者。再者，AlphaGo更透過不斷與自己對戰，習得了獨門的勝利方程式。

對弈中的AlphaGo，曾將如此學習到的內容，作為尋找下一步棋的「策略網路」（policy network），以及預測最後勝利者的「價值網路」（value network）來活用（右上插圖）。AlphaGo在2015年10月，與連續3年歐洲冠軍的法國二段棋士樊麾（Fan Hui，華裔法籍）對戰，贏得5局全勝（對弈過程非公開）的卓越成績。這項成果已刊載在2016年1月28日的英國科學期刊《nature》上。

接著在2016年3月，AlphaGo與九段棋手李世乭對戰。對戰過程在網路上同步播放。在職業棋士、圍棋愛好者及人工智慧學者的注目中，AlphaGo以4勝1負取得了勝利。一般認為圍棋的人工智慧能變得超乎預期地強大，就是因為資金雄厚的谷歌公司在2014年1月收購了獨自開發人工智慧的DeepMind公司，並投入了雄厚的研發經費，因此加速了人工智慧的開發。

對弈中AlphaGo的預測系統

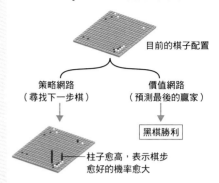

目前的棋子配置

策略網路（尋找下一步棋）　價值網路（預測最後的贏家）

黑棋勝利

柱子愈高，表示棋步愈好的機率愈大

對弈中的AlphaGo會利用稱為「策略網路」的預測系統找出下一步棋，再用稱為「價值網路」的預測系統預測最後的勝利者。因為有價值網路，所以雖然出手時不一定會是最完美的棋步，卻能夠找出決定最後勝敗的棋步。

或許能用在搜尋可疑人物方面

在日本象棋等的人工智慧中，棋子的價值是由人類來決定。不過圍棋人工智慧所進行的深度學習，從棋子的價值到棋子的配置都是靠人工智慧自己發現，這點與其他人工智慧相當不同。

進行人工智慧研究的日本東京大學松尾豐特聘副教授表示：「在與九段棋士李世乭的對弈中，AlphaGo使用了最近已不常被使用的棋步。或許人工智慧也為我們帶來了重新檢視古老棋步的契機。」

此外，松尾特聘副教授預測，像AlphaGo般的人工智慧也會被應用在其他領域。例如，或許可藉由自我學習可疑人物的舉動，進而從防犯監視器的影像即時找出可疑人物。也可能藉由學習建築物的建造順序，找出最合適的建築工法。且讓我們持續關注人工智慧的發展。

（執筆：島田 祥輔）

AI將會對醫療保健領域帶來什麼樣的改變呢？

日本因為少子高齡化、醫療費用的增加等現象，導致日本的健保醫療面臨許許多多棘手問題，且根據推測未來的困境還會更加嚴峻，所以日本厚生勞動省在2015年6月以「健保醫療2035」為題，發表建議書，預測20年後的保健醫療可能的樣貌。

這份建議書以「使每位國民皆可享受世界最高水準的健康、醫療，構築能夠讓人民一直保有安心、滿足、信服之醫療保健系統，有益於我國及全世界的繁榮」為目標。為達成該目標，必須積極導入現今在許多產業領域備受矚目的「變革」，亦即靈活運用人工智慧（AI）。

在醫療保健領域應用人工智慧，不僅可為大多數人帶來健康生活，也能替從事醫療、看護工作的人員減少負擔。

因此，日本厚生勞動省在2017年6月彙整了AI在醫療保健領域的應用現況及未來的預測。倘若醫療保健領域活用AI的話，日本的醫療保健領域將會出現什麼樣的變化？以下是日本厚生勞動省厚生科學課所彙整的報告書概要。

醫療保健領域的AI扮演什麼樣的角色呢？

現在的AI（人工智慧）因為採用「深度學習」（deep learning）這樣的學習方法而變得非常聰明。誠如前面已經提過的，深度學習是重疊多層模仿人類神經迴路之「類神經網路」的系統。當我們將蘋果圖像輸入到類神經網路中負責接收資料的「輸入層」之後，蘋果圖像會被細細分解，然後依序傳輸到接續的各層。在這些隱藏層中漸漸取得圖像的複雜特徵，然後在最終的「輸出層」判斷「這是蘋果」的結果。

AI無法在一開始就正確辨識圖像中的物體是蘋果。跟我們人類一樣，透過觀察各種狀態的蘋果，以便「學習」能正確辨識何為蘋果。

以前面所提過的例子來說，讓AI觀看多張貼上「正確答案」標籤的不同蘋果圖像。一開始，

AI無法明確分辨蘋果與其他物體的不同，可能會將非蘋果的圖像判定是蘋果。但是，如果讓貼有「正確答案」標籤的圖像與AI自己所下的判斷作對照，為了縮小誤差，亦即正確選出蘋果，AI會調整層與層的連結方式。

就這樣，即使人類沒有特地將蘋果的諸多特徵一一寫入AI的程式中，AI還是能夠掌握蘋果的特徵，辨識何為蘋果。

在日本，醫療現場收集了數量龐大的圖像。若能將這些圖像建立資料庫，透過AI的靈活運用，那麼在此之前僅有極少部分專家才能下的判斷，就會變得連不具專業知識的人也能判讀，該成果可讓大多數的人共享。同時也可能實現偏遠地區或是相距遙遠的兩地接受最尖端醫療的社會。

此外，可望在未來醫療現場大顯身手的醫療器具之一的就是膠囊內視鏡（capsule endoscopy）。

應重點開發 AI 的六大領域

AI實用化較早的領域		
領域	日本的課題（×）與強項（○）	為AI開發所採取的對策
基因體醫學	×與歐美相較，導入較遲。	●離實用化最近的是「癌症」，構築邁向實現的推進體制（在『癌基因體醫療推進聯盟』另外討論）
圖像診斷支援	○在診斷系統之醫療儀器方面，日本的開發能力高。 ○診斷系統之醫療儀器的貿易收支是黑字（1000億日圓）。	●有關病理、放射線、內視鏡等，日本擁有大量品質很好的資料，必須確立有效率的收集體制。 ⇒●相關協會合作，**構築圖像資料庫**。 ●為使AI的開發更為容易，同時實施藥事審查之評估指標的測定及評估體制的整備。
診斷暨治療支援 （問診和一般性檢查等）	×因醫療資訊的增加，醫療從事人員的負擔亦隨之加劇。 ×必須對應醫師的地區偏倚及診療科偏倚。 ×難治之症方面，從初診到確診的時間過長。	●為使AI的開發更為容易，**在醫師法暨醫藥品醫療儀器法上的處理需明確化**。 ●藉由各種資料庫（含基因體解析資料）的匯總等，構築更廣泛覆蓋難治之症的資訊基礎，活用於AI的開發。
醫藥品開發	○日本是少數醫療品具附加價值的國家之一。 ○在技術貿易收支方面也有大幅黑字（3000億日圓）。	●由於在健康醫療領域以外，AI人才仍嫌不足，有效率的AI開發是必須的（IT整體不足30萬人，其中AI不足5萬人），製藥產業也有AI人才不足的問題。 ⇒從有效活用AI人才的觀點來看，**需支援製藥產業與IT產業的合作配合**。
為AI實用化所應階段性導入的領域		
看護暨認知症（失智症）	×促進高齡者的自立支援。 ×減輕照護者的業務負擔。	●非基於現場需求所開發的AI（技術指向的AI）無法在現場普及。 ⇒**將照護現場的需求明確化**，實施基於需求的AI開發。
手術支援	○日本是將手術資料予以統合的領先國。 ×外科醫師少，必須減輕其負擔。	●手術時的數位資料（心搏數、腦波、術野（指手術時視力所及範圍）圖像等）若處於未相互連結之狀態，手術行為與各種資料沒有鏈結，AI就很難學習。 ⇒為將手術相關資料互相連結，**實施介面標準化**。

（出處：醫療保健領域之AI活用推進懇談會報告書）

膠囊內視鏡不僅可大幅減輕患者的負擔，還能觀察傳統內視鏡無法到達的小腸。膠囊內視鏡在一次的檢查中可以拍攝數千～數萬張圖像。一直以來，數量如此龐大的圖像處理對醫生而言都是極大的負擔，但是現在若能在圖像診斷方面活用AI的話，就能輕易指定出應該注意的地方，也能立即判明候選的疾病名稱，其優點可能超乎我們的想像。

活用AI還能提高醫療保健的品質，甚至開發劃時代的醫藥品及治療、診斷方法的可能性也跟著擴張了。AI也能減輕醫療、照護從業人員的各種業務負擔，營造出可專心於治療、照護的環境。

另外，對於此前未發病就無法發現的疾病，若能根據AI的預測，在患者未發病前即接受治療，那麼AI對於每個人的健康生活都有極大的貢獻。

推動AI開發的重點六領域

日本的厚生勞動省從日本所具備的醫療保健技術的強項與該解決的課題兩方面，選定6個應該重點推動AI開發的領域（請參考上表）。①基因體醫學（genomic medicine）、②圖像診斷支援、③診斷暨治療支援（問診及一般檢查等）、④醫藥品開發、⑤照護暨認知症（失智症）、⑥手術支援共六大領域。現在，讓我們依序來看看這六大領域的現況和未來展望。

①基因體醫學

所謂基因體係指包含在生物細胞內的全部遺傳訊。更精確地講，一個生物體的基因體是指一套染色體中完整的DNA鹼基序列。人類的基因體大約是由高達30億鹼基對所構成，這些鹼基字母所組

成的訊息量非常龐大。從分析基因體作業會產生數量龐大的資料。若以人手作業來處理、分析這些資料，完全是不可能的任務。像這樣的作業應該是AI最擅長的工作了。

基因體的鹼基序列會因人而異，鹼基序列發生變異，就是疾病的原因，所以可用於診斷。此外，與抗癌劑的感受性（susceptibility）、惡性腫瘤（癌）的發生息息相關的基因突變，可用於治療方針的決定。

抗癌劑的各種副作用是一大問題，有報告指出其中還有特別嚴重的。但是，若能藉由基因體分析，只投與可能有效果的抗癌劑給患者，就能有更有效果、有效率的治療。目前在癌症和難治之症領域，基於基因突變所進行的診療已經陸續實用化了。

AI的活用不僅可在極短時間內發現變異，更可藉由概括性分析各種資料而發現引起疾病的「致病基因」。該技術與開發新的醫藥品息息相關，藉此可實現更精緻的個人化醫療（精緻醫學），同時也能以更高精準度預測疾病的發病風險。

就像上面所看到的，基因體醫學可望帶來莫大的好處，不過日本在這方面導入AI的時機遠較歐美遲。因此，日本為能早日實現導入AI的基因體醫學，有人呼籲必須加強導入AI的步調。目前日本已邁入技術上能實現基因體醫療的階段，因此有專家認為在2020年度前，即能以AI分析每個人的基因體解析結果，運用在日常的診療。另一方面，美國已經專為將基因體醫學運用在診療上，正在開發匯總癌基因體醫療用知識的資料庫，以用於癌症治療。

現在，日本的厚生勞動省通過國立研究開發法人「日本醫療研究開發機構」（AMED），構築將已解析之基因體的資訊和臨床資訊予以統合的資料庫。今後，不僅是研究用，就連一般醫療所實施之基因體分析的結果，也被要求匯總到既有的資料庫予以活用。此外，倘若能構築與資料收集及分析相關的基礎，不只臨床上可靈活使用累積的基因體資料庫的資料，與適應症外藥品之效能追加、創藥標的之探索等也相關連的體制變得非常重要。

②圖像診斷支援

現在，日本在診斷系統之醫療儀器（各種圖像診斷裝置等）方面具有強勁的國際競爭力，其貿易額有1000億日圓以上的黑字（貿易出超，此為2014年的資料）。診斷系統之醫療儀器是讓AI（深度學習）可發揮極大效果的裝置，倘若能夠藉由AI的靈活應用，增加診斷系統之醫療儀器的附加價值，則其國際競爭力將會更加提高。

在開發使用AI的圖像診斷系統時，標註正確診斷名稱的圖像（附監督圖像）是不可或缺的。AI所讀入的資料愈多，AI愈能做出適當的診斷。由於日本國內擁有大量的醫療圖像資料，若能加以活用，從國際競爭力這一點也能占有優勢。

像這樣的儀器可望彌補醫師不足的窘境。舉例來說，以放射線圖像（X光、CT、MRI、PET等）來看，日本國內有數量龐大的圖像資料，在研究開發方面執世界之牛耳。在日本，大多數的醫療機構都設置CT、MRI，該數字放諸全世界也非常突出（下面圖表）。但是因為放射線科的專門醫師很少，導致負擔過重的結果。為減輕該負擔，AI的活用需求殷切。

病理專門醫師不足雖屬慢性，然在沒有專門醫師的偏僻地區和遠程地區，因為AI使疾病名稱和異常部分的發現變得容易，因此會是非專門醫師之醫師的堅強幫手。該現象在開發中國家也一樣，應該可提高世界醫療保健的水準。

另外，若將AI的圖像診斷支援功能用在複查方

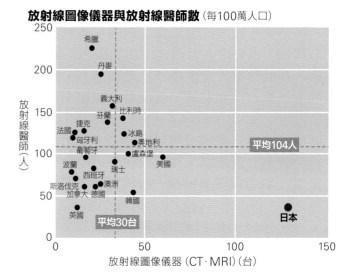

放射線圖像儀器與放射線醫師數（每100萬人口）

（出處：醫療保健領域之AI活用推進懇談會報告書）

邁向 AI 活用的工程表

	2017	2018	2019	2020	2021年〜
基因體醫學	·構築癌症基因體資訊之收集體制 ·構築活用AI的研究體制 ·檢討AI開發基礎的利用與活用	（根據癌症基因體醫學推進聯盟懇談會報告書對應）			
圖像診斷支援	構築以學會為中心的圖像資料庫				·提供醫療儀器廠商監督圖像資料 ·開發活用AI的圖像診斷支援程式
診療暨治療支援	在醫師法暨醫藥品醫療儀器法上的AI處理需明確化	·訂立收集之資料的標準規格 ·構築難治之症的資訊基礎		關於頻率高的疾病，使活用AI的診斷治療支援實化	關於比較少見的疾病，使活用AI的診斷暨治療支援實化
醫藥品開發	製藥產業與IT產業協同配合	·製藥產業提出需求 ·活用IT產業的資源			·開發醫藥品開發所能應用的AI ·實現使用AI之有效率的醫藥品開發
照護暨認知症		推進現場主導的AI開發 ·收集與生活節奏、認知症相關的資料 ·根據生活節奏預測設計生活輔助儀器等		開發試作機	開發活用AI的生活節奏事前預測系統等，並使之實用化。
手術支援	為使手術相關資料能互相連結，必需推進接續手術相關儀器之介面標準化。			統合收集、累積手術資料	讓AI支援麻醉科醫師的工作實用化／自動手術支援機器人的實用化

（出處：醫療保健領域之AI活用推進懇談會報告書）

面，可以減少疾病及異常部分的發現疏漏。若利用AI進行圖像的篩選，可大幅減少醫師解讀圖像所需的時間，同時精準度也可望提高。

在圖像診斷上已經活用AI的是皮膚科。跟其他診療科相較，皮膚科的患者數非常多，也是沒有專業知識就很難正確診斷的領域。在其他國家目前已開發學習了13萬張圖像的AI，能進行毫不遜於皮膚科專業醫師的診斷，由此也證明AI是非常有功能的。

活用AI之圖像診斷支援的進步程度可分為下表所示的幾個階段。因此，必須構築以全日本（all-Japan）體制提供大量高品質教師圖像（監督用圖像，供比對使用）的收集機制。研究者認為未來AI的圖像診斷應用會飛躍性推進，並預測2020年度乳

圖像診斷支援的階段性進步

階段1	辨識1處的單純圖像
階段2	辨識多處的複雜圖像
階段3	與人類能力同等的圖像診斷
階段4	超越人類能力的圖像診斷

癌健診時所拍攝的乳房攝影（mammography）、胸部X光的圖像等都會實際應用到AI。

誠如前面提到的，與AI組合可望發揮極大效果的膠囊內視鏡，它為患者和醫師雙方都帶來極大好處。倘若普通的內視鏡亦組合AI的話，也能減輕診察時的醫師負擔，應該跟膠囊內視鏡一樣，可以減少檢查時的疏忽。又，現在已有部分技術已經實現，將來的展望頗受矚目。

日本三大公司（OLYMPUS、FUJIFILM、HOYA）的內視鏡領域在世界市場的占有率達九成以上。藉由活用AI，若能製造出更有效果的內視鏡，其市場占有率應該還會更擴大。

③診斷暨治療支援

醫師為了提高能力和見聞，閱讀各種論文是非常重要的事。但是在忙碌的日常醫療活動中，想要確保閱讀論文的時間極為困難。

截至2016年底止，網際網路的網站「PubMed」已登錄約2700萬件論文，任何人皆可檢索與生命科

學、醫學相關的論文。邁入21世紀，論文數更是急速增加，而這已經遠遠超過人類所能全數讀完的量了。因此，期待藉AI有效利用這些論文。倘若能讓AI分析龐大數量的論文資料，即可大幅減少檢索所需的時間和成本，應該也會大幅減輕醫師的負擔。

此外，若將經過上述過程所取得的高度資訊傳送到日本各地方，全日本即可均有高品質的醫療。再者，在值班醫師的支援、離開臨床之醫師重返臨床現場的支援、研修醫師、醫學院學生的臨床教育等方面，應該也都能發揮莫大的效果。隨著資料的陸續累積，對於鮮少發病，很難診斷的疾病，應該也能適切對應了。

由於難治之症的患者數少，累積的資料少，能夠進行確實診斷及治療的醫師也極有限。由於資料少，因此需要將資料匯聚在一處，讓更多的醫師可以利用，這一點也很適合使用AI以便發揮最大效果。

在一直以來都缺乏精準度高之生物標記（評估指標）的精神科診療方面，若能讓AI分析與患者發話、表情、肢體語言等相關的資料，再搭配腦部動態血流影像、腦波、基因體、血液等其他多個生物標記統合運用的話，應該就能提高精神科診療的精準度。

在每一位患者的疾病管理和疾病預防上，應該也能應用AI。讓穿戴式終端機（手錶型健康管理器等）與AI連動，也許就能實現疾病的早期發現、早期預防的理想。此外，若與電子病歷連動的話，應該也能在醫師診療時提出治療方法的建議、應避免之藥劑的警告。

活用AI之診斷暨治療的進步情形可分為下表所示的幾個階段。實際上，在活用AI的診斷暨治療支援方面，因為各種的搭配組合，目前已經非常接近實用化的階段了。

診斷暨治療支援的階段性進步

階段1	對於頻率高之疾病的診斷、治療支援
階段2	對於比較罕見之疾病的診斷、治療支援
階段3	跨多個診療科的診斷、治療支援
階段4	跨全診療科的診斷、治療支援

今後，進行診斷暨治療支援的AI在醫師法上應該如何定位？在明確其利用領域和責任範圍的同時，亦應整備能夠使大多數人皆可受惠的環境。

④醫藥品開發

日本是全世界少數具備新藥開發能力的國家，而AI可望能夠將該強項進一步擴展。

與歐美相較，日本的製藥公司規模較小，較無餘力增加研究開發的投資也是實情。國際性開發競爭的結果，若以傳統的研究手法很難進行劃時代的醫藥品開發。此外，誠如在談到診斷暨治療支援時所提到的，由於發表的生命科學暨醫學的論文劇增，因此醫藥品開發時想要隨時掌握所有最尖端資料是件極為困難的事。新藥開發是從基礎研究開始，然後經過臨床試驗、認證許可、取得許可證，然後再包裝成商品到市場行銷，這是一段非常漫長的過程。在此期間倘若發現毒性，或是對人類並無充分療效，將會停止開發，而這樣的結果將導致開發者蒙受莫大的損失。

為要盡可能減少這類風險，開發出有充分效果的新藥，AI就受到相當的期待。在某種試算下，開發新藥過程使用AI，不僅可使開發期間縮短4年，同時整個業界的開發費用可減少約1兆2000億日圓。

活用AI之新藥研發的進步情形可分為下面所示的幾個階段。目前，在研發新藥的過程中已經快速導入AI，研究者預測2020年度，活用AI的醫藥品開發將會是個普遍的現象。

醫藥品開發的階段性進步

階段1	在基礎研究方面的高精準度預測
階段2	在非臨床試驗方面的有效性、安全性的高精準度預測
階段3	在臨床試驗方面的有效性、安全性的高精準度預測
階段4	市售後的有效性、安全性的高精準度預測

⑤照護暨認知症

在照護領域，目前已開發照護機器人，且已陸續在現場普及開來。但是照護現場有著各式各樣的需求，有很多是照護機器人無法適切對應的情況。不單只是輔助高齡者的活動，採用AI技術，導入具有更高度照護能力的系統應該也有檢討的必要。

舉例來說，目前研究者戮力要讓裝備可讀取膀胱內之尿量變化的感測器，藉由AI預測排泄時機的系統邁向實用化。藉由該系統不僅可維護高齡者的尊嚴，並且可望讓照護業務更加有效率。此外，AI也能掌握每個人的身體變化，比方說隨年齡增長而出現的體溫下降，血壓上升等等，而能進行適當的診斷和治療。

另外，有關認知症（因「失智症」一詞帶有貶義，現在大多稱認知症）方面，醫界預測隨著社會的高齡化，患者人數會跟著增加。但是在認知症的診斷和治療上若能活用AI的話，也許可以抑制患者數的增加。

⑥手術支援

在醫療中，手術是非常重要的領域。手術中有許多突發狀況必須立即應對，導致外科醫師的精神上和肉體上都承受莫大的負擔。以當外科醫師為目標的人數減少，如何減少外科醫師的負擔成為一大課題，因此人們對於AI的期待倍增。

有關手術支援的AI活用，估計將會如下表所示般進步。不過，在2020年度的階段，應該還達不到階段1。更何況一旦到階段3、階段4必須接觸到患者的身體，想要實現這一點，恐怕還有很長的一段路要走。

就像截至目前我們所看到的，若要活用AI必須盡可能輸入大量的資料。但是手術時的資料，並不存在可供AI學習的形式。因此，首先必須將手術時的資料轉換成數位資料，使之在結構上成為可理解的資料。此外，為了統合資料，必須將手術所用到的各種醫療儀器以網際網路連結，互相鏈結，但是現在仍未如此進行。

手術支援的階段性進步

階段1	藉掌握生命徵象（vital signs）的手術支援
階段2	藉導航等之外科醫師的意志決定支援
階段3	在外科醫師的監督下，於較單純之手術中的一定自動化
階段4	在外科醫師的監督下，於複雜手術中的一定自動化

當這些困難都能克服，可以活用AI時，就能減輕外科醫師的負擔。此外，在手術過程中仰賴醫師經驗與知識所做的意志決定，藉AI而變得能更客觀進行，同時也應該可以預測手術中的患者狀況驟變而發出警報，這樣的功能與支援麻醉科醫師息息相關。

邁向AI導入之今後課題

誠如截至目前所看到的，若欲將AI導入醫療保健領域，大致有二大重點必須考慮，一個是資料，另一個是人才。

日本是一個全民健保的國家，全民健保制度業已充分發揮功能。因此，AI所能活用的醫療保健資料非常龐大，為要活用這些資料，必須經過下面三個階段。

首先，第一是「製作」階段。這裡最重要的是將如此大量的資料附上正確的解說，以教師圖像的形式做成資料庫，讓有需要的人都能使用。其次是「鏈結」階段。舉例來說，將來開發出超高精細影像系統時，內視鏡所取得的圖像與內視鏡所採取與組織病理相關的資料鏈結，即可從內視鏡圖像以極高精準度推測病理學上的惡性程度。最後是「推廣」階段。活用AI的醫療保健系統並非僅讓特定企業、團體或研究者獨占性使用，必須開放讓每個相關者都能利用。通過此三階段，應該就能在醫療保健領域構築活用AI的系統。

最嚴峻的課題是人才不足

將AI導入醫療保健領域並且予以活用所面臨的最大課題就是人才的培養與確保。

現在，全世界有關AI的研究開發方興未艾，與AI相關的國際會議也多不勝數，然而這種情況似乎沒有在日本瀰漫。不僅與AI相關的論文發表數少，而且日本的AI研究開發也處於極為低迷的狀態。在日本，IT人才總計約有30萬人，其中尖端的IT人才（精通大數據、物聯網（IoT），可負責AI的開發）不足5萬人。

企圖導入並活用AI的產業領域非常多，同時也逐漸擴展到各領域。在這樣的趨勢中，如何確保醫療保健領域的AI開發人才成為一大課題。　　✑

（執筆：谷合　稔）

「AI病理醫師」避免疏忽癌細胞

現況的人工智慧最擅長的領域之一就是圖像分析。日本產業技術總合研究所村川正宏博士的研究團隊正在進行的研究，就是讓人工智慧以顯微鏡觀察從患者的胃等部位採取的組織標本，並診斷有無癌細胞的作業（病理診斷）。「癌細胞的形狀極富變化，因此想用語言來定義它的特徵非常困難。從事診斷工作的病理醫師因為看過非常多的癌細胞，也看過不計其數的正常細胞，因此能夠以直覺發現呈異常形狀的癌細胞。倘若人工智慧也能大量學習細胞的『正常』情況，那麼應該就能發現異常的癌細胞」（村川博士）。

首先，讓人工智慧大量分析由病理醫師診斷為正常的組織標本圖像，提取正常細胞的特徵。藉此，人工智慧能夠將正常細胞所應具備的幾個特徵予以數值化，這就是人工智慧學習「何謂正常的細胞」。

然後，再讓人工智慧分析可能含有癌細胞的標本。人工智慧將標本中所含的細胞特徵予以數值化，計算其與正常細胞之間的差距有多大。如果數值相距非常遠的話，就是異常，亦即可以強烈懷疑就是癌細胞。

以日本為例，在高齡化社會癌症患者持續增加。據表示，年度的組織標本診斷數攀升到近3000萬件，而日本全國的病理醫師僅2400人，每人的平均作業量大，不能有診斷錯誤的壓力可想而知。

村川博士表示：「確認診斷檢查是否有疏忽、將來則鎖定讓人工智慧進行1次診斷，可以支援醫師的工作。」目前的設想是人工智慧僅扮演協助的角色，最終的診斷還是由人類（醫師）來執行。

將細胞的特徵數值化

使用大量拍攝了正常細胞的標本圖像，首先讓人工智慧自行將標本圖像的顏色、形狀等特徵予以數值化。將經過該步驟所得到的「特徵值」（eigenvalue）做為座標軸，將各圖像配置在空間上，於是就會發現拍攝正常細胞的圖像會聚攏在一起。又，為了方便插圖表現，將特徵值（座標軸）設成3個（3維空間），不過實際上使用了300個以上的特徵值。

其後，對同時拍攝正常細胞與癌細胞的標本圖像，將特徵數值化，並分別配置到相同的空間上，結果會發現包含癌細胞的圖像會配置在離正常細胞集團稍微遠一點的地方。與正常細胞集團間的距離表示細胞的異常度（癌細胞的可能性）。

右頁下方的2張圖像是病理醫師與人工智慧之診斷結果比較，從圖片可以知道兩者指出癌細胞的場所幾乎一致。

深度學習的「弱點」在哪裡？

前面所介紹執行病理診斷的人工智慧，據說現在並未使用深度學習的技術。「使用深度學習雖然能夠獲得高階的抽象概念，但是在學習上必須要有數千、數萬附有正確答案的資料。在現階段，準備大量附有醫師診斷（正確答案）的資料有其難度，因而改採用其他的機器學習手法」（村川博士）。

學習之際，必須準備大量附有正確答案的資料，可以說是深度學習的課題之一。如何才能以較少的資料而獲得高階的（抽象的）概念，是現在的深度學習研究中的重要題目。

此外，至於執行複雜處理的人工智慧，基本上人類並不知道人工智慧「為什麼如此判斷」。不明白其判斷的理由，僅是通知病名和治療法等結論，恐怕醫師很難接受吧！在現階段，雖然人類很難理解人工智慧判斷的真正理由，但是利用人工智慧的醫師必須在可能的範圍內理解並接受人工智慧的特性，再運用到診斷上。村上博士表示：「對於判斷的『接受度』，攸關人工智慧今後在社會使用的廣泛程度，我個人認為這是必要的關鍵字。」

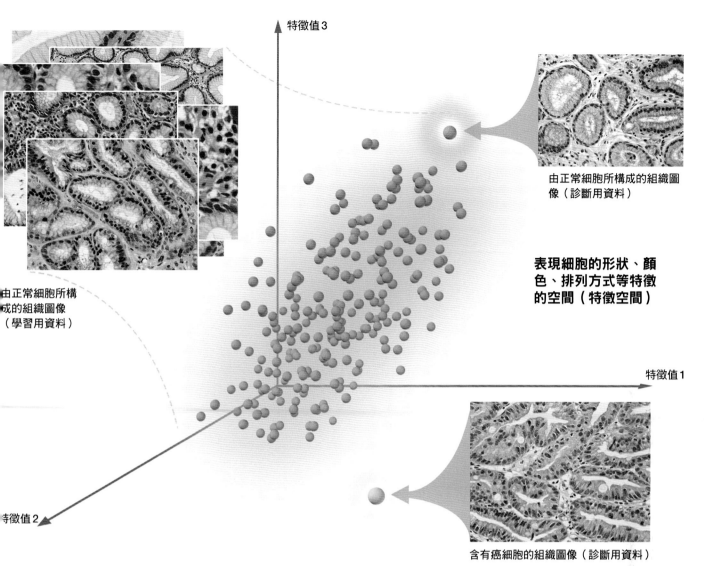

特徵值3

由正常細胞所構成的組織圖像（診斷用資料）

表現細胞的形狀、顏色、排列方式等特徵的空間（特徵空間）

特徵值1

由正常細胞所構成的組織圖像（學習用資料）

特徵值2

含有癌細胞的組織圖像（診斷用資料）

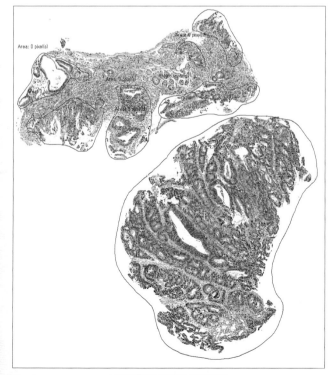

病理醫師所做的診斷
（強烈懷疑紅線所包圍的部分含有癌細胞）

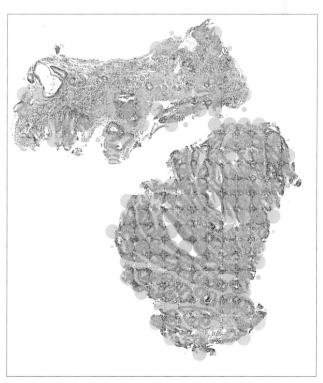

人工智慧所做的診斷
（強烈懷疑黏附在綠色大圓點的部分含有癌細胞）

利用人工智慧的內視鏡檢查預防惡性腫瘤

就連往往會被疏忽的息肉也能確實發現，支援醫師的好幫手

內視鏡檢查係指在胃部和大腸等腸胃道中進行攝影檢查，對於癌症（惡性腫瘤）的早期發現和預防有極大的幫助。但是，偶爾也會出現難以發現之類型的異常，或是醫師之經驗有差別而疏忽了異常的情形發生。因此，才會開發導入人工智慧的內視鏡檢查，支援人類診斷的系統。目前已經確認能以極高的發現率找到異常。

協助：山田真善　日本國立癌症研究中心中央醫院內視鏡科醫員（助理教授）

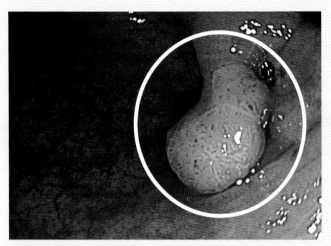

10毫米的息肉

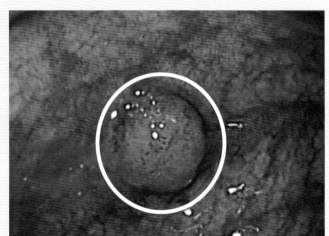

5毫米的息肉

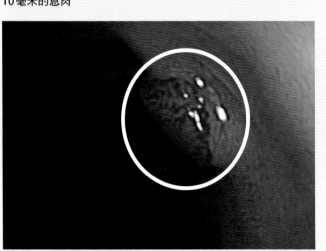

5毫米的息肉

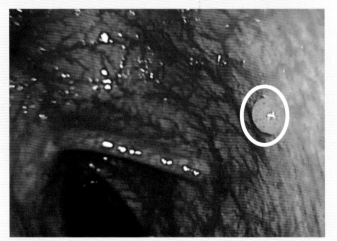

3毫米的息肉

這是從大腸的內視鏡圖像，人工智慧發現息肉的例子。不僅是像左上圖像所示之大而顯著的息肉，就連其餘三張圖像中的小息肉或是平坦的息肉也都逃不過人工智慧的法眼。

希望能夠使用人工智慧來診斷疾病的需求也擴展到了內視鏡檢查。所謂「內視鏡檢查」是讓攝影機進入體內，動態拍攝胃部、腸道等消化管之情形的動畫攝影檢查。醫師用自己的眼睛觀察內視鏡所拍攝到的動畫影像，以診斷有無異常。

藉由該檢查可以發現的現象之一就是「大腸息肉」，這是大腸表面隆起的突起，大腸癌通常都從息肉發生。因此，在內視鏡檢查中一旦發現了息肉就會立即切除。切除息肉對於預防大腸癌是非常重要的步驟，有報告指出藉由這樣的處置，可抑制罹患大腸癌的機率達76～90%。

但是，想要毫無疏漏地將所有息肉都找出來並非易事。有一些息肉相當小，有一些息肉是平坦的，有一些又下沉，這些息肉都很難被發現。此外，還有很難發現息肉的場所，發現率根據醫師的經驗能力而定。事實上，漏看息肉的機率高達20%。另外，有報告提出在定期接受內視鏡檢查，仍然罹患大腸癌的案例中，有58%的原因是在內視鏡檢查時漏看息肉了。

以權威醫師下診斷之內視鏡圖像為範本的人工智慧

為避免漏看息肉，日本國立癌症研究中心正企圖將人工智慧投入到內視鏡檢查中。

由NEC公司開發的人工智慧「NEC the WISE」讀入了大約5000例的大腸癌、息肉的內視鏡圖像。以這些圖像為範本，人工智慧使用「深度學習」學習各種大腸癌和息肉的特徵。而人工智慧所學習的範本圖像，全部都是內視鏡檢查經驗豐富的權威醫師所下的診斷結果。

在讓人工智慧學過一遍之後，接下來輸入約5000張新的圖像讓人工智慧診斷。結果，人工智慧能夠以高達98%的發現率找出息肉。

然後，在該人工智慧上面安裝可高速處理圖像的裝置。藉此，從檢查所拍攝之影像到得出有無癌症或是息肉的結果，大約只需極短的33毫秒時間。換句話說，醫師一面移動內視鏡，就能即時獲知檢查的結果。

企盼也能預測大腸息肉的性質和癌症轉移

今後，倘若使用人工智慧的內視鏡檢查能夠實現，那麼除了以往很難發現之類型的息肉，甚至可望毫無遺漏地發現更多息肉。另外，目前被視為問題的醫師經驗所造成的檢查結果誤差，若使用該技術，可彌補新手醫師經驗不足的缺點。再者，因為人工智慧能夠瞬間分析內視鏡所拍攝的全視野，因此也能彌補醫師視野狹窄的問題。

未來，預定讓人工智慧學習日本國立癌症研究中心所累積，內視鏡拍攝到之難以發現的息肉類型約1600例以上的內視鏡圖像，以提高發現精確度。

再者，目前也已開發出能夠精細看見息肉表面圖案的新型內視鏡。今後，預定也讓人工智慧學習這些新型內視鏡所拍攝到的圖像，以培養能更詳細診斷息肉性質的能力。若連已發現之大腸癌的診斷精確度也提高的話，將來也許能夠預測癌症的轉移。

醫療現場的人工智慧可能性遠比我們想像的還要寬廣，期待將來看到人工智慧的活躍身影。

🪐

眼科醫師不足的救世主？
人工智慧輔助眼睛的檢查

人工智慧觀察眼底照片，進行篩選

眼睛的檢查非常重要，與導致眼睛失明之疾病的早期發現息息相關。但是日本陷於眼科醫師不足的窘境，因此也無完備的檢查體制，醫師的負擔也很大。不過，現在已經開始嘗試讓人工智慧觀看眼底照片，進行篩選的診斷。日本的研究團隊調查使用人工智慧之眼底診斷的有效性，推動診斷系統的開發，同時也計劃將之導入至醫師不足的海外地區。

協助：結城賢彌 日本慶應義塾大學眼科學教室專任講師

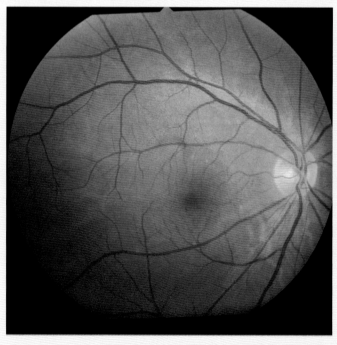

左為日本的研究團隊提供給人工智慧當作範本的正常眼底照片。當輸入人工智慧的正常眼底照片和有異常的眼底照片的量夠多時，人工智慧便能自行找出正常與異常的特徵。上為已準備導入人工智慧之眼底診斷系統的緬甸醫院一隅。

日本全國有1718個自治體，其中有高達682個自治體沒有眼科醫師。這也導致無法推廣眼科健檢，並演變成相當大的問題。舉例來說，眼睛失明原因的第一名是綠內障（又稱青光眼），第二名是糖尿病網膜症，這些都是在進行中沒有自覺症狀的疾病。若能接受眼睛健檢的話，這些疾病都能早期發現、早期治療。

眼睛健檢需要有大量的眼科醫師，進行檢診時需要具備經驗和專業知識，因此能夠從事檢診的醫師相當有限，也導致有些地區的人民能夠接受眼睛檢診，有些地區的人民卻沒有這樣的福利。另外，也會產生眼科醫師的負擔變大的問題。

在這樣的背景下，相關單位開始研究是否能導入人工智慧來幫忙診斷眼睛疾病。原本在檢查眼睛的過程中就會用到電腦，亦即將拍攝的眼底圖像交由電腦分析以幫助醫師來診斷。舉例來說，綠內障患者的眼睛視網膜神經細胞壞死，視網膜變薄，而電腦可以幫忙測量視網膜的厚度。

若投入人工智慧的話，像這樣輔助診斷的能力可望有長足的提升。幸運的是人工智慧的深度學習很擅長圖像辨識，因此在使用眼底照片的診斷方面，人工智慧應該能大展身手。

人工智慧從眼底照片成功篩選出各種疾病

2017年時，美國的醫學雜誌《The Journal of the American Medical Association》刊登使用人工智慧進行各式各樣眼疾診斷的研究結果報告。報告中是讓人工智慧進行是否罹患特定眼疾的篩選。

新加坡全國眼科中心（SNEC）Aung Tin博士的研究團隊讓人工智慧診斷71896眼底照片，比照眼科醫師的診斷來評斷人工智慧的診斷精準度，以「靈敏度」（sensitivity，也稱真陽性率）和「特異度」（specificity，也稱真陰性率）等來表示，靈敏度愈高，病人被判斷為沒有病的錯誤機率愈低。換句話說，靈敏度和特異度雙高的檢查，意味著能夠正確的診斷。

結果顯示在糖尿病網膜症的方面，靈敏度是90.5％、特異度91.6％；綠內障方面，靈敏度是96.4％、特異度87.2％；老年性黃斑部病變方面，靈敏度是93.2％、特異度88.7％，不管哪一種眼疾，在靈敏度和特異度兩者的精準度都相當高。因此，證明使用人工智慧的眼底照片診斷是一種有效的方法。

日本研究團隊的診斷系統活躍於緬甸？

在日本，慶應義塾大學眼科學教室的坪田一男博士、結城賢彌博士等人的研究團隊與MieTech公司、OKWAVE公司共同開發人工智慧的眼底照片診斷系統。

以輸入之大約9400張標註有醫師診斷結果的照片為範本，人工智慧使用深度學習技術學習，目前已經能辨識健康眼睛與非健康眼睛了。

將來，預計在醫療現場將導入該系統，以減輕眼科醫師的診療量。此外，沒有眼科醫師的自治體若導入該系統，那麼，不管住在日本的哪個地區都能接受眼睛的健康檢查，也就能夠早期發現眼睛疾病，這是開發此系統的一大目標。

再者，不僅是日本，研究團隊也檢討是否將該系統送到醫師和設備不足的海外其他地區。事實上，目前已與緬甸的醫師及醫療機構合作，希望能促成這件事。

🪐

深度學習技術為何可做到「慣用語翻譯」

2016年9月，Google在其官方部落格上宣布，Google翻譯採納了新的深度學習系統，使用此新翻譯系統讓中譯英的表達更完整且符合原文文意。2016年11月，「Google的免費自動翻譯功能（日語⇔英語的翻譯）導入深度學習技術，翻譯品質大幅提升」的消息也在日本蔚為話題。使用深度學習的翻譯究竟是怎麼回事？為什麼利用深度學習技術可以提升翻譯品質呢？

學習人類的譯文，使翻譯變得自然

在此我們以日譯英為例，將日文「私はこの本が好きです。」翻譯成英文「I like this book.」。我們人類在翻譯時，會將單字從日文翻譯成英文

（私→I），再調整英文的語序，亦即使用在學校等處學到的單字，並使用文法知識來翻譯。

另一方面，日本東北大學教授，專門研究利用人工智慧處理語言的乾健太郎表示：「使用深度學習技術的自動翻譯，並不是要翻譯出根據文法知識的譯文。」

使用深度學習技術的自動翻譯，從大量的對譯資料學習到「以這樣的排列順序出現的日文單字列，大多翻譯成這樣的英文單字列」的規則性，而使用這樣的規則性進行翻譯。換句話說，選擇使用哪個譯文、正確的語序為何等，不是利用辭典和文法知識，乃是根據人類的對譯資料來學習。結果，就能翻譯出與人類翻譯相當接近的自

翻譯作業是數值的計算

插圖所示為使用深度學習技術的自動翻譯流程。首先將翻譯前的句子轉換成數值資料（行列）。針對該數值資料進行轉換成不同語言所需的運算。該翻譯程式使用了深度學習技術（類神經網路）。經由不斷的學習，調整表現計算方法和單字之數字組的值，使翻譯出來的句子變得自然。

計算結果（相當於英文單字的數字組）從句首1個字1個字的依序輸出。只要將之轉換成單字翻譯便大功告成。

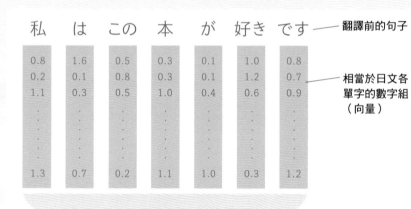

翻譯前的句子

私 は この 本 が 好き です

相當於日文各單字的數字組（向量）

私	は	この	本	が	好き	です
0.8	1.6	0.5	0.3	0.1	1.0	0.8
0.2	0.1	0.8	0.3	0.1	1.2	0.7
1.1	0.3	0.5	1.0	0.4	0.6	0.9
1.3	0.7	0.2	1.1	1.0	0.3	1.2

將日文轉換成英文的程式
（類神經網路）

從句首1個字1個字的依序輸出翻譯結果（相當於英文單字的數字組）

相當於英文各單字的數字組（向量）　　　　翻譯後的句子

0.662	0.854	0.234	‥‥‥	0.955	I
0.397	0.114	0.614	‥‥‥	0.221	like
0.802	0.762	0.801	‥‥‥	0.118	this
0.384	0.117	0.958	‥‥‥	0.521	book

然譯文。

轉換成表示單字「意義」的數字組

為使用深度學習技術來處理（計算），所以必須將語言轉換成數字組。使用深度學習技術的翻譯，舉例來說，就像是翻譯前的日文句子是「私／は／この／本／が／好き／です」般，將有意義的文字集合，亦即分解成單字。然後，將各個單字以「數字組」（向量）來表現。換句話說，將翻譯前的句子轉換成僅由單字數的「數字組」排列而成（數學術語稱為「行列」），請看左頁下方插圖。

又，對應各單字的「數字組」並非僅是機械性分割成各單字，而是包含了單字意義的資料（右邊插圖）。

被轉換成數值資料（行列）的口文句子是使用學習過「從日文翻譯成英文時之規則性」的程式計算出來的。於是，經過計算之後，輸出一組組表示英文單字的數字組。翻譯程式從對譯資料也學習了譯文的語序。因此，從句子的起首依序1個單字1個單字的，以正確的語序輸出表示英文單字的數字組。只要將各數字組轉換成與之相應的英文單字，就會出現「I like this book」的英文句子，翻譯結束。

尚無法瞭解文章背後的意涵

利用深度學習技術雖然提升了翻譯的品質，但這可以說僅是單字轉換和語序變高明而已。「經由學習大量的對譯資料，特別是翻譯後的單字排列順序變得非常自然，因此給人一種翻譯正確的感覺，但事實上，內容方面仍不排除有錯誤的可能性」（乾教授）。

再者，乾教授表示：「不管自動翻譯變得多麼自然，也還是只能以1個句子為單位來翻譯，連前一個句子都不會參照。人類可以了解文章中所含的『文脈』、『文章背後的意涵』，但是人工智慧想要理解這些，還需要研究的累積。」

要像人類這樣理解語言，需要很多「常識」。讓

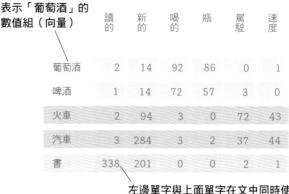

表示「葡萄酒」的 數值組（向量）	讀 的	新 的	喝 的	瓶	駕 駛	速 度
葡萄酒	2	14	92	86	0	1
啤酒	1	14	72	57	3	0
火車	2	94	3	0	72	43
汽車	3	284	3	2	37	44
書	338	201	0	0	2	1

左邊單字與上面單字在文中同時使用的頻率

使用數值組，配置單字的空間（實際為多維度）

意思相近的單字組

以數字組表現單字的意思

分析大量的句子，可以獲得某單字與哪個單字一起使用的情況比較多等訊息（上方圖表）。語言中，有個普遍的特性就是意思相似的單字，其使用的地方也相近，因此「與哪個單字同時出現的情況較多」的訊息（出現頻率），就能表現出單字的意思。

使用出現頻率的數值組（向量），將各單字配置在空間上，意思相近的單字就會聚集在一起（上圖的下方插圖）。

又，使用深度學習技術的自動翻譯，從對譯資料會自動生成表示各單字的數值組。在反覆學習的過程中，也會自動將數值（亦即意思）進行微調。

我們以「衣服都晾乾了，沒想到竟然下雨了」這個句子為例來探討一下吧！聽到這個句子，當然知道情況是「衣服被雨淋溼」，但是言外之意還可以推測有「沮喪」的情緒。但是，現階段的人工智慧就連「下雨→待晾乾的衣物被雨淋溼，乾不了」這樣的常識都沒有，當然無法推測出有「沮喪」的情緒囉！

有研究者指出：若能讓人工知慧學習網際網路上的大量文章，也許就能獲得常識。但是，這樣的方法能夠獲得什麼樣的常識呢？如何用來解釋「文脈」和「文章背後的意涵」呢？這些都還不清楚，研究者們正在戮力研究中。

自動駕駛開拓汽車的未來

利用照相機及雷達偵測道路標線及前行車輛而自動行駛。本文為您介紹讓駕駛汽車又輕鬆又安全的最新技術

只要告知目的地，汽車就會自行驅動，將您送達目的地。替代人工駕駛汽車的「自動駕駛」技術實現的日子似乎就在眼前了。全球的汽車廠商都在開發利用車上搭載的照相機辨識交通號誌及對向車輛等物體的技術，以及沿著道路行駛的技術。下一代的汽車將會如何進化呢？

協助：須田義大 日本東京大學生產技術研究所教授　　青木啟二 先進智慧移動株式會社（Advanced Smart Mobility Co., Ltd.）執行董事

大口 敬 日本東京大學生產技術研究所教授

2018年1月23日，在日本靜岡縣的新東名高速公路上，多輛利用自動駕駛技術行駛的卡車車隊正在進行道路行駛實驗。3輛卡車在一直保持車距35公尺的情況下在左側車道行駛。只有第1輛卡車進行加減速的操作，隨後的2輛卡車根據前導車所傳送過來的資訊自動加減速。又，方向盤的操作則是由坐在每輛卡車之駕駛座的駕駛來負責。為了解決卡車司機不足的問題，這是測試後續車無人駕駛的列隊行駛試驗。

全世界各國都熱衷於開發自動駕駛車。自動駕駛車的「自動」分為0到5共有6個等級（level）。先前已經上市的自動駕駛車以等級2為最高階。在此等級，人工智慧能夠支援方向盤操作和加減速。

2018年初，奧迪汽車公司（Audi）發表全球第一輛搭載level 3自動駕駛系統的「Audi A8」。日本也於該年度導入此車，並限制僅能於高速公路等少數場所始可完全自動駕駛。Level 3的自動化等級比之前所有的自動駕駛車還要高許多，不過在緊急時，只有人可以操作，因此駕駛座上一定要有駕駛人才行。

自動化等級超越level 3，僅在少數場所可以沒有人駕駛的level 4，以及在所有條件下，皆可無人駕駛的level 5自動駕駛車目前也在進行開發。2017年6月，日本許可無人駕駛車在公路上進行行駛實驗。同年的12月初，在愛知縣的公路上，利用遙控進行無人駕駛車的行駛實驗。

如果真的能實現駕駛的自動化，那麼駕駛汽車具體上會有什麼樣的改變呢？日本東京大學生產技術研究所專攻車輛工程學的須田義大教授表示：「不僅駕駛人的負擔可以減輕，更為輕鬆愉快，更重要的是，大多數汽車事故的原因都出自於駕駛人的疏失。」汽車能偵測到其他車輛及行人的存在，向駕駛人提出警告，或進行緊急操作，因而提高汽車的安全性。「也可以輔助高齡者駕駛。此外，還可以期待使駕駛更節省能源、更不容易堵車等等」（須田教授）。

上為2017年12月22日在東京都丸之內公路上進行不需駕駛人員操作的公共汽車自動駕駛之試乘會的情形。有單程40公尺或是100公尺的直線道來回。目標是於2018年～2019年完成在工廠及設施等的實用化。

下為機器人計程車移動服務品牌「Easy Ride」在試驗中，利用智慧手機呼叫配車時的場景。該服務除了可利用專用App設定目的地外，還附加非常方便的系統，可用語音或文字輸入指示想要的服務，也能顯示候選地。此外，在乘車中，會顯示所行走之周邊的資訊。從2018年3月5日到18日的期間，在神奈川縣港未來（Minato Mirai）地區周邊進行試乘會，目標係在2020年代前葉提供正式服務。

駕駛的3個要素為「辨識、判斷、操作」

要使汽車宛如有人在駕駛一般地自動行駛，首先必須了解人是如何駕駛汽車的。「人是反覆進行『辨識』、『判斷』、『操作』這三項行為在駕駛汽車」須田教授說明。

例如，讓我們來想像一下，在行駛中，眼前突然竄出一個小孩，於是緊急踩下煞車的狀況吧！首先，駕駛人發現路上有一個小孩（辨識）；接著，做出「照這樣下去一定會撞到，所以應該緊急踩下煞車」的決定（判斷）；然後，實際踩下煞車，使汽車在小孩的前面停住（操作）。

如果是自動駕駛車，則是利用前方搭載的照相機及雷達，偵測到前方有立體物，並測量汽車到立體物之間的距離（辨識）；接著，根據到立體物的距離與汽車的速度，決定是否必須踩下煞車（判斷）；然後，執行煞車的動作（操作）。自動駕駛車和有人駕駛的狀況一樣，也是反覆地進行「辨識」、「判斷」、「操作」而行駛。

在下一頁，我們將具體呈現自動駕駛車的行駛情形。

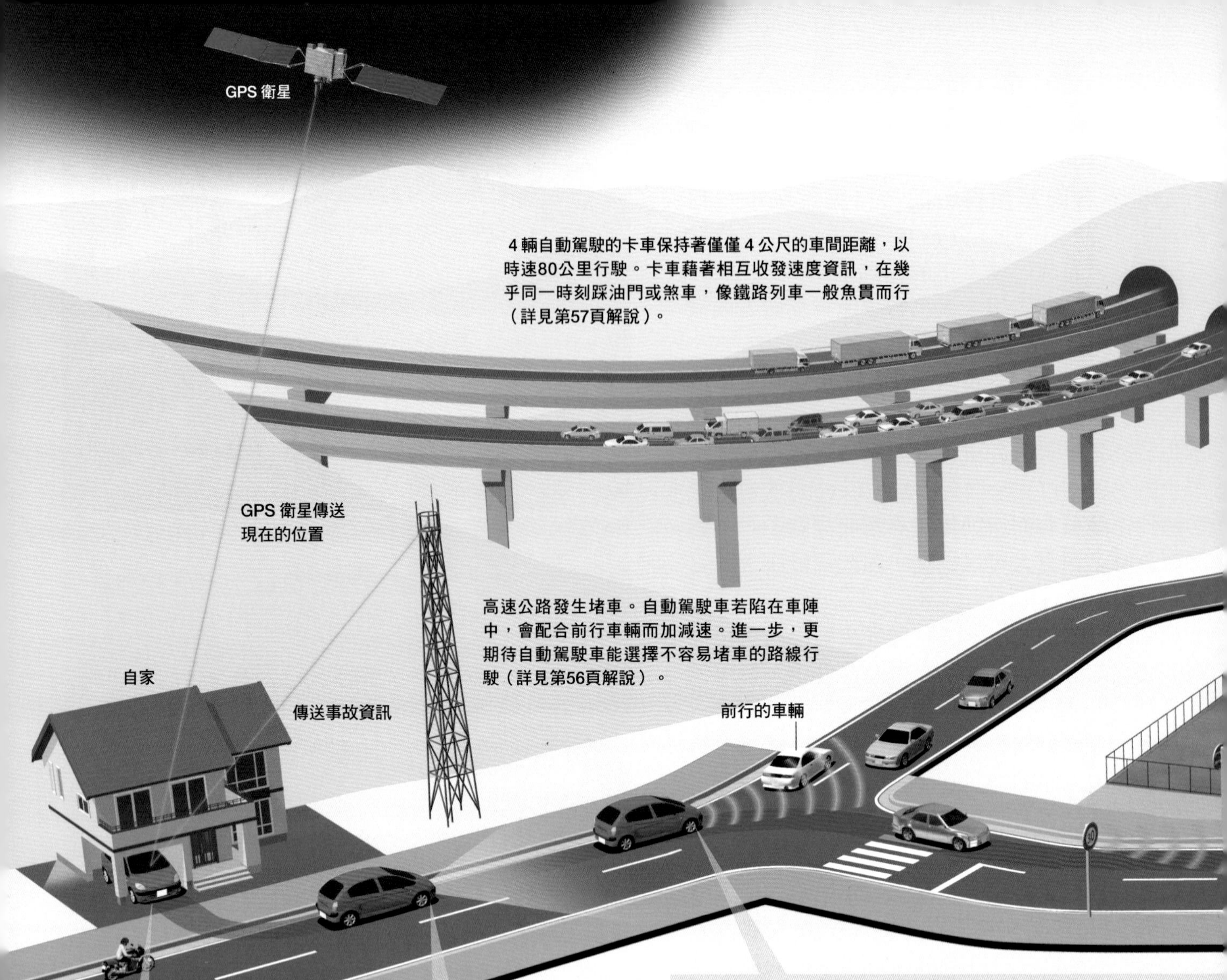

GPS 衛星

4輛自動駕駛的卡車保持著僅僅4公尺的車間距離，以時速80公里行駛。卡車藉著相互收發速度資訊，在幾乎同一時刻踩油門或煞車，像鐵路列車一般魚貫而行（詳見第57頁解說）。

GPS 衛星傳送
現在的位置

高速公路發生堵車。自動駕駛車若陷在車陣中，會配合前行車輛而加減速。進一步，更期待自動駕駛車能選擇不容易堵車的路線行駛（詳見第56頁解說）。

自家

傳送事故資訊

前行的車輛

3. 偵測前行車輛及對向車輛

汽車使用油門和煞車，一邊調整與前行車輛的車距，一邊往前行駛。

使用「立體相機」偵測周圍物體的方法，是把安裝於汽車前部的2架照相機所拍攝的圖像加以比對。和人的雙眼相同，由於2架照相機的安裝位置不同，所拍攝到的影像也會有些微差異。

比對這2架照相機所拍攝的圖像的各個部分，可以得知圖像各部分與汽車的距離有多遠，再以不同顏色顯現出來（請參照下圖）。越偏紅色，表示離汽車越近；越偏藍色，表示離汽車越遠。電腦利用這項資訊，探知前行車輛等周圍物體。道路路面等水平部分，圖像顏色由下往上逐漸改變（深度不同）。但是，如果有前行車輛等立

2. 偵測道路標線，沿著道路行駛

走到車道上，汽車使用裝設在前方的照相機偵測道路標線，開始轉動方向盤，沿著道路標線行駛。

這個時候，汽車的電腦從左向右掃描所拍攝的圖像，搜尋「顏色比周圍明亮的部分」。接著，從圖像中找到顏色明亮的部分所構成的「八」字形（參考下方圖像）。然後，當「八」字形的上部朝向右上方或左上方時，朝同一個方向轉動方向盤。

物體存在，則圖像中這個部分的顏色是從上到下都一樣（深度相同）。電腦會把這種上下方向顏色沒有變化的部分判斷為「立體物」。電腦對於行駛中的影像會不斷地即時進行這種處理。

1. 依據事故資訊，決定前往目的地的路線

坐進自動駕駛車，下達「前往海水浴場」的指令，汽車導航系統就會接收GPS衛星傳來的汽車的位置資訊，決定前往海水浴場的路線。由於系統接收到「沿著海岸的道路發生事故，正堵車中」的資訊，所以選擇了不經過沿海道路的路線。

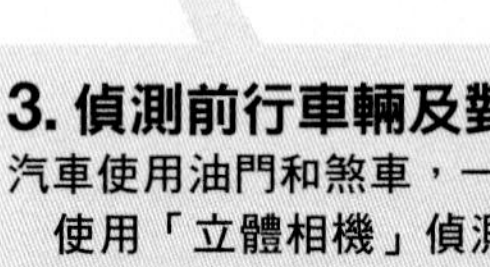

左邊照相機的影像 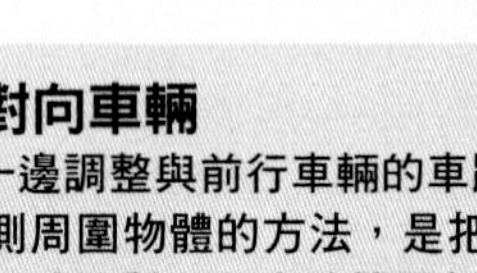　　右邊照相機的影像

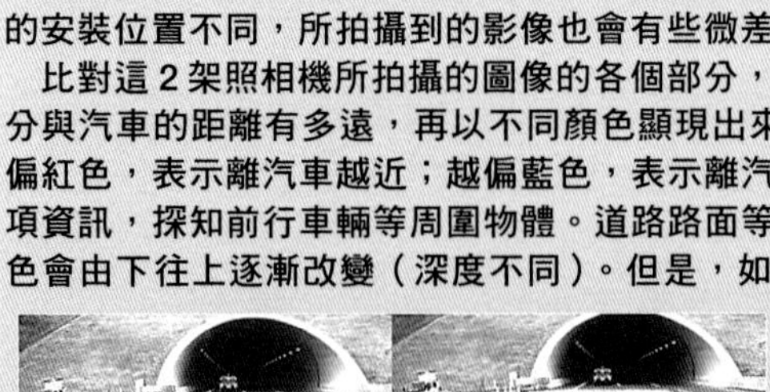

以顏色顯示所拍攝物體之距離遠近的圖像

搭乘自動駕駛車出遊吧！

在自動駕駛車已經普及的未來社會，汽車的駕駛會變成什麼樣子呢？讓我們以搭乘自動駕駛車從自己家裡前往附近的海水浴場遊玩為例，利用 1～6 的圖解，介紹汽車在行駛中以及在十字路口等處會運用什麼樣的技術吧！

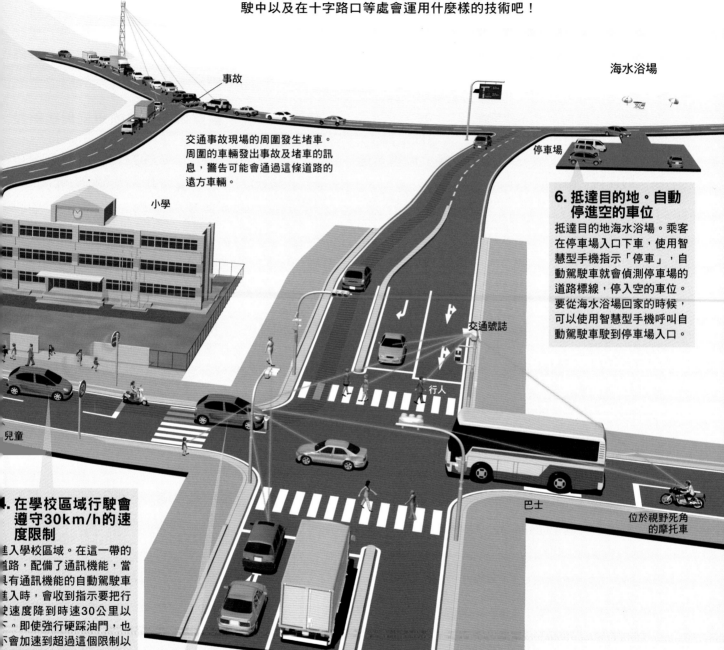

事故

交通事故現場的周圍發生堵車。周圍的車輛發出事故及堵車的訊息，警告可能會通過這條道路的遠方車輛。

海水浴場

小學

停車場

6. 抵達目的地。自動停進空的車位

抵達目的地海水浴場。乘客在停車場入口下車，使用智慧型手機指示「停車」，自動駕駛車就會偵測停車場的道路標線，停入空的車位。要從海水浴場回家的時候，可以使用智慧型手機呼叫自動駕駛車駛到停車場入口。

交通號誌

行人

兒童

巴士

位於視野死角的摩托車

4. 在學校區域行駛會遵守30km/h的速度限制

進入學校區域。在這一帶的道路，配備了通訊機能，當具有通訊機能的自動駕駛車進入時，會收到指示要把行駛速度降到時速30公里以下。即使強行硬踩油門，也不會加速到超過這個限制以上的速度。

像這樣在道路和汽車之間傳送資訊的技術稱為「路車間通訊」，是目前各界正在努力研究開發的熱門技術。為高速公路通行費的自動收費系統「ETC」就是路車間通訊的一項先導例子。

5. 在大十字路口辨識汽車、行人、視野死角的摩托車並左轉

自動駕駛車走到交通流量大的十字路口，一邊注意正在走過行人穿越道的行人，一邊左轉。在交通流量大的十字路口，人要單憑肉眼辨識所有車輛及行人十分困難。但是，自動駕駛車可藉由與其他車輛、行人、交通號誌之間的通訊，就連藏在視野死角的摩托車也能掌握到。在這個十字路口，具有通訊機能的交通號誌監視著路口，並向周圍的車輛發出警告，促其注意視野死角的行人和摩托車，因而減少了事故。

在通訊中收發的資訊，並不限於車輛的位置，也包括行駛速度、各車的行進方向、號誌變換之前剩下的時間等等，相當多元。此外，目前已經在開發一種技術，只要行人身上帶著具備「Wi-Fi」這種無線通訊機能的智慧型手機，也能偵測到這個行人的存在。

53

汽車偵測周圍的方式有2種

　　自動駕駛車辨識周圍環境的技術，可大致分為2種。第一種是使用安裝於自動駕駛車的照相機等裝置，由自動駕駛車本身進行辨識的「自律型」（自立型）。第二種是與周圍的車輛及行人進行通訊，藉此辨識相互的位置及速度的「車輛與道路設施合作系統」（vehicle-infrastructure cooperative system）。車輛與道路設施合作系統的技術又可再加以細分：如果是車輛與車輛之間進行通訊，則稱為「車車間通訊」；如果是行人與車輛之間進行通訊，則稱為「人車間通訊」；如果是號誌等道路上的設施與車輛之間進行通訊，則稱為「路車間通訊」。

　　日本車廠目前正在開發的自動駕駛車是採用結合「自律型」與「車輛與道路設施合作系統」的技術。

自律型的自動駕駛在理想環境下能夠實現

　　目前在市面上販售的汽車，已經運用了一部分的自律型環境辨識技術。例如，偵測到障礙物會踩下煞車的「預防碰撞煞車」（pre-crash brake）、調整車速以便與前車保持適當距離的「自適應巡航控制系統」（adaptive cruise control，ACC）。此外，研發人員也在積極開發超車、十字路口的判斷等等更複雜的技術。須田教授表示：「如果是在理想的條件下，我們可以

「自律型」與「車輛與道路設施合作系統」各自的課題

自律型的課題

- 目前，在某些情況下，會因為下雨、夜間、道路形狀等因素，而導致環境辨識困難。必須繼續在各種環境中進行公共道路試驗，以求提升辨識能力。
- 無法辨識位於自動駕駛車的視野死角的車輛及行人。

車輛與道路設施合作系統的課題

- 在具有通訊機能的車輛普及之前，車輛彼此間能夠運用的場合並不多。
- 若要把所有道路都導入通訊機能，需要龐大的經費，所以並不容易。因此，也有人提出建議，可以先在容易堵車的地段、容易發生事故的路口、學校區域等處的部分道路導入通訊機能。

說自動駕駛差不多已經實現了。」

　　但是，在實際行駛時，並非一直處於理想的條件之下。例如，下雨導致視線模糊、降雪掩蓋了道路標線、大卡車擋住視野等等，自動駕駛車必須能夠應付無數的狀況才行。「自動駕駛車已經進入了在各式各樣的道路上反覆實施行駛試驗，以便調查什麼樣的狀況比較棘手的『實踐階段』」（須田教授）。

輔助自律型，讓駕車更方便的車輛與道路設施合作系統

　　由於自律型技術容易受到環境的左右，因此研發人員期待車輛與道路設施合作系統能夠彌補這項缺點。

　　例如，在車水馬龍、人潮洶湧的大十字路口等處，與其分析立體相機（stereo camera）的影像，倒不如利用通訊功能獲知汽車和行人的位置，更能簡單地辨識周遭的交通狀況。由於不管在什麼天候和時刻都能進行通訊，所以也具有辨識能力穩定的優點。此外，位於死角的車輛和行人，利用光及無線電波搜索物體的自律型技術完全無法偵測到，所以也必須借助車輛與道路設施合作系統才行。

　　不過，車輛與道路設施合作系統有一個問題，在具備通訊功能的汽車普及到某個程度之前，車車間通訊不太有機會做到資訊的收發。關於這一點，須田授教表示：「例如，可以讓巴士、地面電車等公共交通工具，還有一部分道路，先具備通訊的功能。那麼，即使在周圍的私家車輛還很少具備車車間通訊功能的階段，也能實際感受到它的優點。」

　　車輛與道路設施合作系統能夠做到的，並不只是辨識周邊的環境。將來，一旦具備車輛與道路設施合作系統的自動駕駛車普及之後，自動駕駛車不僅能辨識周圍，而且還能收發事故資訊、堵車、天氣等等道路上的一切資訊。由於有無數輛自動駕駛車在相互通訊，因此能持續且即時地累積所有道路上的資訊，而成為巨量資料（big data）。

　　車輛與道路設施合作系統的通訊技術不僅能夠辨識周遭的環境，同時也藉著把一輛一輛的汽車轉變成感測器，而能夠做到相互提供遠方道路的資訊。

電腦無法像人類一樣地觀看物體

請看右邊的黑白照片。照片中，道路向左邊彎曲進入隧道，右側車道有 2 輛汽車在行駛。

人類能夠輕易地看懂這樣的場景，但是電腦卻無法理解這樣的圖像代表什麼意思。對電腦來說，這幅圖像只是一堆黑點、白點、灰點的集合罷了。例如，近處汽車輪胎的黑色是代表「物體」，遠處隧道內部的黑色是代表「空間」，這是電腦無法判別的。所以，必須採用以下所述的各種方法來辨識周圍。

比對 2 幅圖像而找出立體物

中央的圖像是利用立體相機製成的圖像。就像人的兩隻眼睛一樣，使用 2 架照相機拍攝前方，再比對 2 幅圖像，辨識出位於前方的物體（詳細機制請參照52頁介紹）。這種方式能夠偵測出數十公尺左右的近處物體。由於圖像中含有許多資訊量，所以也有研發人員正在研究，要讓自動駕駛車能夠依據這種圖像來辨識形狀。

不過，這種方式也有其困難之處。例如，下雨時，附著於前車窗的雨滴可能會使 2 架照相機拍攝到的圖像完全不同，所以無法比對左右照相機的圖像，以至於無法運用。

此外，利用陽光（可見光）的白晝用立體相機，到了夜間就無法使用了。因此，研發人員正在開發利用含熱物體所輻射的遠紅外線的夜間用「遠紅外線立體相機」。

根據雷射光的反射，測量本身到物體的距離

下方的圖像是利用稱為「雷射測距儀」（laser range finder）的裝置所製作的圖像。朝某個方向發射紅外線雷射光，再依據反射波回來時所經過的時間，計算出本身到物體的距離。這幅圖像是在反射波回來的方位角上標示白點所製成。反射波回來所經過的時間越短，表示物體越靠近，因此，例如右側的大型點集合，即可判斷它是比中央的小型點集合更靠近的物體。

這種裝置即使在雨天或夜間也能偵測到100公尺遠的物體，這一點可說是相當優異。不過，雷射光在行進當中不會擴散開來，所以一次只能調查一個點。在行駛中，能夠調查的方向在數量上有其限制，所以在如同前面所述的那樣加以圖像

自動駕駛車如何「看見」周遭的景物

使用數位相機拍攝的圖像

電腦無法依據這幅圖像讀取前行車輛與遠近感。

使用立體相機的圖像所製作的圖像

利用由 2 架立體相機所獲得的距離資訊，偵測前方的物體。越偏黃色表示越近，越偏藍色表示越遠。

依據雷射的反射波製作的圖像

發出雷射光，再依據偵測到反射光之際所經過的時間，計算本身到物體的距離。白點表示偵測到反射波的方向。

自動駕駛車比由人駕駛的汽車更不容易發生堵車

從緩降坡轉變成緩升坡的部分稱為「凹陷區段」。在凹陷區段，如果開車的人「沒有注意到自己的汽車正在減速」或「比已經減速的前行車輛更大幅減速」，就容易發生堵車。但是，自動駕駛車具有配合前行車輛而加減速的技術（ＡＣＣ），因此應該比較不容易發生堵車。

由人駕駛的場合

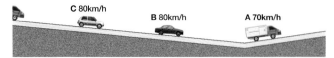

1. 前頭的 A 車爬上緩升坡而減速。

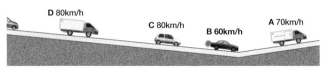

2. 跟在後面的 B 車想要拉大和 A 車之間的車距，比 A 車更大幅減速。

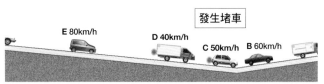

發生堵車

3. 後方的 C 車、D 車也為了保持車距，比前行車輛更大幅減速。像這樣，越後面的汽車速度越慢，終於發生堵車。

自動駕駛車的場合

1. 前頭的 A 車爬上緩升坡而減速，但立刻偵測到減速而加速。

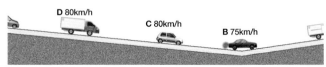

2. 跟在後面的 B 車配合 A 車減速，然後再加速。減速量與 A 車相同程度。

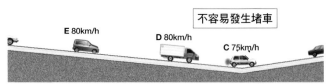

不容易發生堵車

3. 後方的 C 車配合 B 車，減速後再加速。自動駕駛車能立刻偵測到本身的減速和前行車輛的速度變化，不會過度減速，因此不容易發生堵車。

化之際，資訊量相當少。因此，無法得知偵測到的物體是什麼形狀，更別說要辨識那是什麼東西了。

鑽研自動駕駛車的環境辨識技術的先進智慧移動株式會社執行董事青木啟二表示：「人的視覺，不論是明亮時或陰暗時，也不論是近處的物體或遠處的物體，都能加以辨識，範圍真是非常寬廣」，「和人類的眼睛相比，每一單項技術的偵測能力都有它不及之處，但若把這些技術組合起來，或許可以使自動駕駛車能夠在廣範圍環境中偵測到物體吧！」（青木執行董事）。

自動駕駛車比人更能順暢地操作汽車

駕駛的 3 項要素「辨識、判斷、操作」之中，自動駕駛車辨識環境的能力在目前似乎仍然比不上人類。而對於判斷，則必須透過公共道路的試驗累積經驗。那麼，操作技術這方面呢？

鑽研堵車原理與交通計畫的日本東京大學生產技術研究所大口敬教授表示：「關於從辨識到操作所需的反應速度，以及控制到所想要的車速的

能力，自動駕駛車可是遙遙領先哦！例如，自動駕駛車可以使用感測器立即感應到前行車輛的減速狀態而自行減速。」這項能夠配合前行車輛而加減速以保持跟車距離的ＡＣＣ（自適應巡航控制系統）技術，目前已經配備在某些市售車了。「一般人在平常的駕駛狀態下，要配合前行車輛的速度變化採取因應措施，必須花費 1 秒左右的時間。由於這個延遲，很容易導致自行減速的幅度大於前行車輛的減速」（大口教授）。

事實上，人們的這種駕駛習慣，就是造成堵車的主要原因之一。從緩降坡轉變成緩升坡的部分（凹陷區段）容易堵車，就是一個典型的例子。

讓我們來看一下，人們的駕駛習慣容易引起堵車的機制（請參照上方插圖）。由人駕駛的汽車，從緩降坡開上緩升坡時，會自然地減速。駕駛人很難察覺到這種減速的情形。而跟在它後面的汽車的駕駛人也很難注意到前行車輛的減速情形，因此往往在發現跟車距離逐漸縮短之後才開始減速，所以很容易變成減速比前車更多。而在它後面的汽車也跟著減速更多，於是，越後面的

人不可能做到！以僅僅 4 公尺的車間距離行駛
4 輛卡車的車間距離只有 4 公尺、行駛速度每小時80公里。4 輛卡車利用車車間通訊而共同擁有速度等資訊，因此能在幾乎同一時刻操作方向盤和煞車。這項技術正由日本新能源·產業技術總合開發機構（NEDO）領頭開發之中。

汽車減速越多，終於導致堵車。

另一方面，自動駕駛車在爬坡時，會立刻偵測到自己正在開始減速，於是馬上加速。跟在後面的自動駕駛車，則會配合前行車輛而立刻減速，然後再度加速，恢復到原來的速度。像這樣，自動駕駛車能夠立刻偵測到前車和本身的速度變化，並且只做必要之最低限度的加減速，所以對後車的影響非常微小。因此，比由人駕駛更不容易引發堵車。

大口教授表示：「現在的自動駕駛車，就像『駕駛技術優良的駕駛人』在開車一樣」。由於自動駕駛車是和由人駕駛的車輛一起在道路上行駛，所以最好不要賦予過度「脫離人類」的操作技術。「ACC技術是為了減輕駕駛人的負擔而開發的。如果能在這項技術中納入不會引發堵車的駕駛方法，就有可能消除由於人們的駕駛習慣而引發的堵車」（大口教授）。

展現人類絕對無法仿效的駕駛技術

自動駕駛車的駕駛技巧有部分是人類絕對無法辦到的。例如，日本新能源·產業技術總合開發機構（NEDO）於2013年 2 月，實際展示了 4 輛自動駕駛的卡車，在保持車間距離 4 公尺的情況下，以時速80公里行駛的技術。4 輛卡車沿著道路行駛，如果第 1 輛卡車突然緊急煞車，那麼 4 輛卡車會一起停住。因為它們能利用車車間通訊，而在幾乎同一時刻做出相同的操作。如果是由人來駕駛，想必會追撞成一團吧！

如果運用這項技術而得以縮小車間距離，則由於第 2 輛之後的車輛所受到的空氣阻力會減小，所以和由人駕駛比起來可節省大約15％的能源。

自動駕駛車的出現會使社會產生什麼變化？

如果自動駕駛車普及，可望帶來事故減少、輔助高齡者駕駛等等各種好處。邁向實用化的無人駕駛車目前正如火如荼地進行中，誠如前面所介紹的，無人自動駕駛車已在公路上進行實驗行駛了。此外，不僅是私家轎車，公共汽車、計程車、商品配送車等各種用途的汽車，也都有導入自動駕駛技術的打算。

但是，隨著實用化的日趨實現，各式各樣的問題也浮上檯面。例如，現在，由於駕駛的過失所造成的交通事故會歸咎於駕駛人，但若是在自動駕駛過程中發生事故，要算誰的責任呢？

事實上，自動駕駛車在2018年相繼發生致死的車禍。一起是 3 月18日在美國亞利桑那州，Uber公司配置了無人駕駛技術的測試車在公路行駛過程中，撞到一位女性路人，導致不治身亡。5 天後的23日，在美國加州的高速公路上，一輛採用無人駕駛技術的特斯拉SUV在自動駕駛模式下撞上道路分隔線，導致司機死亡。將來，自動駕駛車邁入實用化階段之後，除了技術的問題，也必須正視法律的修正，檢討各式各樣的課題吧！

雖然仍有非克服不可的課題存在，但是「只有自動駕駛車穿梭往來的社會」這種宛如科幻電影般的未來，或許出人意料地並非遙不可及，我們期待自動駕駛車普及之日的到來。　🪐

人工智慧取代人類檢查道路及橋梁的龜裂情形

將現場所拍照片傳送到人工智慧，就能以高達80％的精確度檢查出龜裂情形

建設至今已經過漫長歲月的道路、橋梁、隧道等如果毫不維修的話，會因劣化而引發損傷，可能有釀成重大事故之虞。故此，必須時常檢查以及修補，然而因為有經驗和專業知識的人手不足，成為一個嚴重的課題。因應這樣的需求，研究者開發人工智慧，搭載可檢查出表面龜裂的新系統。該系統具有可誇耀的高精準度檢測能力，使檢查作業的時間大幅縮減。

協助：日本新能源・產業技術總合開發機構（**NEDO**）／
　　　日本產業技術總合研究所／日本首都高技術株式會社／日本東北大學

比較使用人工智慧檢查混凝土表面龜裂（左）的結果（下左），以及使用傳統方法檢查出的結果（下右）。以傳統方法所做的檢查有很多誤判的部分，正確率僅12％，相對的，使用人工智慧的檢查方法有高達80％的正確率。

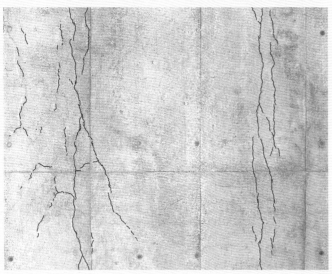

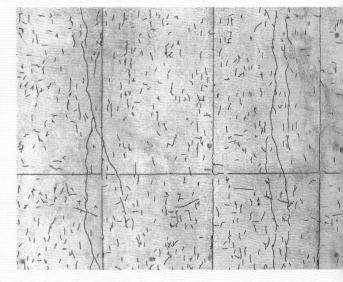

高速公路、橋梁、隧道等交通建設，乍看好像很堅固牢靠，但若從啟用至今已有很長的一段時間，就會逐漸劣化、受損。建設至今超過50年，必須檢查和維修的設施會隨時間的經過而增加。

想要檢查這些劣化、損傷，作業員必須具備豐富的經驗和專業知識。舉例來說，檢查混凝土表面的龜裂時，作業員會在現場以素描的方式將龜裂的情形記錄在筆記本上面。以該素描為範本，製作出紀錄龜裂情形的電子資料以供修補等使用。

但是，長年暴露在風雨中的混凝土表面會有傷痕、汙垢、雨水及排水所形成的濡溼，因此想要正確檢查出龜裂非常困難，熟練的作業員人數也不足。

讓人工智慧觀察大量圖像，學習龜裂的形態

因此，日本新能源・產業技術總合開發機構（NEDO）與日本產業總合研究所、東北大學、首都高技術株式會社攜手，開發使用人工智慧檢查道路等混凝土表面龜裂的系統。首先，在進行橋梁、隧道等的檢查作業時，收集所拍攝之大量龜裂混凝土表面的圖像，然後將專家標記的正確資料輸入人工智慧。

人工智慧使用機器學習從各式各樣狀態的混凝土表面圖像，獲得各種龜裂特有的微細樣式。就這樣，即使是傷痕、汙垢、濡溼等所造成不易察覺龜裂的表面，人工智慧也被訓練成能夠檢查出龜裂來。

結果，寬度0.2毫米以上的龜裂，人工智慧能以超過80％的精準度正確檢查出來。若以傳統的檢查方法的話，正確檢查出龜裂的機率大約只有12％。由此可知，使用人工智慧的方法精準度實在高多了。

只要有現場拍攝的照片就能檢查出來，方法簡單且縮短作業時間

那麼，實際上作業員該如何使用人工智慧才好呢？

首先，將人工智慧置於所有作業員皆能共同使用的雲端，作業員只要到現場使用數位相機或智慧型手機等將混凝土表面拍攝下來即可。拍下來的圖像傳輸到雲端上的人工智慧，讓人工智慧進行分析，便能檢查混凝土表面有無龜裂，或是龜裂的情形為何。在拍攝的圖像上顯示檢查出的龜裂圖案（左頁照片），直接以電子資料的形式傳送給現場的作業員，並且同時予以保管。

因此，不論何時、何地，人工智慧皆可進行龜裂的檢查作業。再者，因為作業員僅需要拍攝照片，一般的作業員即使不像現在的作業員般擁有豐富的經驗和專業知識，也能夠勝任檢查龜裂的工作。

研究團隊從2017年8月到2018年度末，主要以檢查事業者為對象，免費公開人工智慧的龜裂檢查web服務。此乃希望實際讓人工智慧檢查龜裂，確認現場的檢查精確度和作業效率。

在反映這些結果之後，預計在不久的將來進入實用化。最終，希望能將檢查龜裂的作業時間從目前的約300分鐘大幅縮短至僅約10分之1的30分鐘。

支撐著我們日常生活的道路、橋梁、隧道等的劣化問題，是攸關性命的重要課題。人工智慧在肉眼看不到的問題上保護我們身家安全之日即將到來。　　　🪐

使用人工智慧發現未知的系外行星！

學習過去的觀測資料，找出埋在資料堆中之未發現天體的訊號

2017年12月14日，NASA（美國國家航空暨太空總署）與谷歌公司（Google）發表將克卜勒太空望遠鏡（Kepler Space Telescope）的觀測資料給人工智慧學習，結果發現位在太陽系以外的行星「克卜勒90i」（Kepler-90i）。此外，藉由此次的發現，也獲悉其中心的母恆星克卜勒90（Kepler-90）擁有足與太陽系比肩的8顆行星，這也是現在已確認的系外行星系統中，行星數量最多的。

協助：成田憲保 日本東京大學理學系研究科研究所 助理教授

與太陽系同樣擁有8顆行星之克卜勒90（Kepler-90）的行星系統想像圖（上半部）與太陽系（下半部）。此次所發現的「克卜勒90i」（Kepler-90i）是從內側數來的第3顆行星。由於在克卜勒90的周圍已經發現名稱後面附上b～h的七大行星，因此這次發現的行星便在名稱後面附上英文小寫字母「i」。

克卜勒90（Kepler-90）距離地球2545光年，是一顆位於天龍座（Draco）方向上的恆星。先前，已經在這顆恆星周邊發現7顆行星，這次又因為發現克卜勒90i，因此得知它與太陽系一樣，都有8顆行星。克卜勒90i位在從內側數來的第3軌道，以14日為週期繞行母恆星一周，是一顆類地行星（岩質行星）。根據推測，大小約是地球的1.3倍，表面溫度超過420℃。

人工智慧所判別「真物」與「假物」的訊號

當行星橫越過恆星與地球之間時，從恆星來到地球的光會略微變暗。該減光成為一種訊號被觀測到，經過分析就能發現行星。該方法稱為「凌日法」（transit photometry），是在探索太陽系外行星（系外行星）時最常用的方法。

NASA運用的克卜勒太空望遠鏡從2009年以來的大約4年間，觀測到約3萬5000個減光訊號，但是因為這些減光訊號包含雜訊，因此天文學家必須判別「真物」（實際來自行星的訊號）和「假物」。特別是當訊號強度很弱時，會受到雜訊強烈影響，很難分析出來。所以訊號強度不夠強的資料，就會被排除在分析對象之外。

因此，NASA與Google的研究團隊推測倘若使用擅長處理龐大資料量的人工智慧，也許能夠解析過往被排除在外的訊號，於是著手展開研究。在過去克卜勒觀測的資料中，將尚未解析的大約1萬5000個訊號先區分出「真物」（來自行星的訊號）和「假物」，然後讓Google的人工智慧學習。藉由使用「深度學習」的方法，可以自行提取出真物之訊號所具備的特徵。結果，Google的人工智慧能以96%的機率分辨真物和假物。

然後，從已經發現2顆行星以上的670顆恆星資料中，先前因訊號強度太弱而被排除的資料，使用人工智慧來解析。最終，發現了9顆系外行星的候選天體。接著，將該結果交由NASA的天文學家分析，最後從中闡明有2顆實際存在之行星（克卜勒90i與繞著其他恆星公轉的克卜勒80g）所顯示的訊號。

此次，獲悉藉由讓人工智慧學習行星的判別方法，從克卜勒太空望遠鏡所觀測的大量資料中，可以找出新的候選行星。而此次活用人工智慧成功發現系外行星，可謂首度的創舉。不過，最終的行星判別還是必須仰賴天文學家。

研究團隊預定未來還要使用人工智慧解析克卜勒太空望遠鏡過去所觀測之15萬顆以上的恆星資料。藉此，未來可望發現更多的天體。　　　　　　　　☄

（執筆：尾崎太一）

3 人工智慧的未來

協助　松尾 豐／乾 健太郎／大澤昇平／佐久間 淳／佐藤多加之／中川裕志／村川正宏／山川 宏

隨著人工智慧融入我們的生活當中，安全性和隱私性等新的問題也陸續浮上檯面。此外，目前正在開發具有可因應狀況而自行更改設計的人工智慧，這種具有驚人功能的人工智慧將來會不會威脅到人類的存在，也是許多科學家憂心的課題。

　　接下來，讓我們認識這些圍繞人工智慧的各式各樣問題，好好的認真思考一下吧！

人工智慧與安全性

人工智慧與公平性

人工智慧與隱私性

通用人工智慧 ①～②

技術奇點

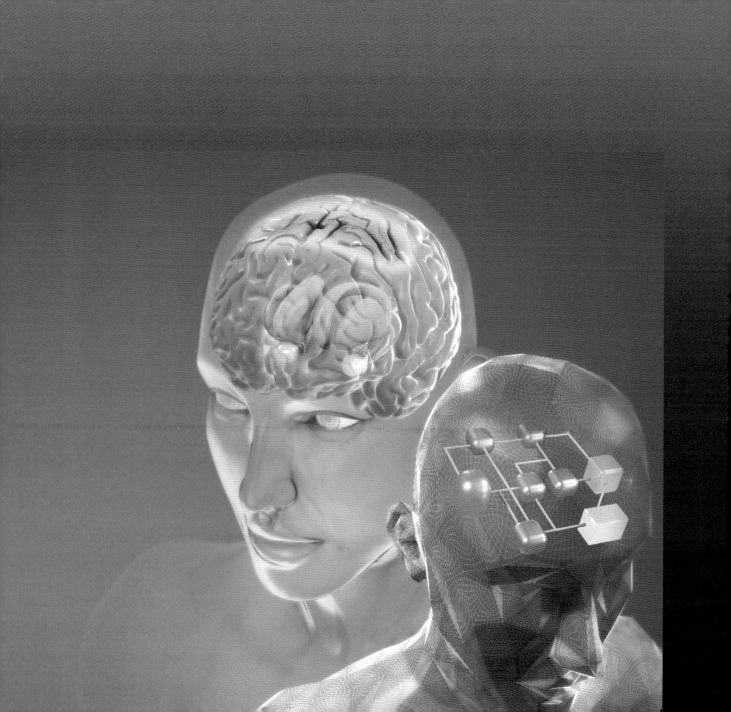

人類不會留意到已受人工智慧的攻擊？

當人工智慧被社會所廣泛利用時，也許有人會使用人工智慧來犯案。日本筑波大學的佐久間淳教授從事人工智慧所應具備之安全對策的研究。

「人工智慧只是電腦系統而已，沒有道德觀，也不會有惡意，想要用來為惡的是人類。當人工智慧廣泛應用於社會中時，可能會受到具惡意的人類攻擊，因此必須要有用來保護人工智慧的技術」（佐久間教授）。

下面有貓熊的圖像（原本圖像），人工智慧當然也會判斷該圖像中的東西就是「貓熊」。接下來，在該圖像中加入一些對人類而言僅是雜訊的成分。因為只是經過人類毫無察覺的微處理，所以處理後的圖像看起來還是貓熊。但是對利用深度學習之類神經網路的人工智慧來說，看起來竟然判斷為「長臂猿」。

人工智慧以數學性分析構成圖像之點（像素）的排列方式，再判斷所看到的東西究竟為何物。

另外，也可以反過來利用該分析法，使用人類無法理解的圖案，讓人工智慧誤解圖像（資料）的內容。儘管下面的例子是圖像，不過縱使資料的種類改變，本質上都能使用相同方法來欺騙人工智慧。

以受到惡意攻擊之可能性為例，佐久間教授提到「自動駕駛」。自動駕駛是人工智慧一面利用攝影機辨識周圍狀況，一面移動車子。假設面對著自動駕駛車的攝影機，具有惡意的人在遠處展示出「只有人工智慧看來好像有人站在眼前的圖像」。於是，其實行進方向並無任何人，但是自動駕駛車還是會突然煞車或切換方向盤的方向。

「為了不讓人工智慧的行為受外部的攻擊而亂了腳步，目前正在思考的機制有二種，一種是讓人工智慧本身具備該機制，另一種是人工智慧本身不具備，採用另外準備的方式。究竟哪一種比較適合，目前還在研究中」（佐久間教授）。

原本圖像

人工智慧的判斷
貓熊（準確率57.7%）

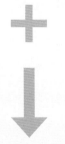

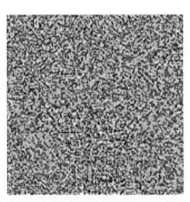

在原本圖像資料上加入
上面資料予以「稀釋」

處理後的圖像

人工智慧的判斷
長臂猿（準確率99.3%）

出處：Goodfellow *et al.*（2015）. Explaining and harnessing adversarial examples.

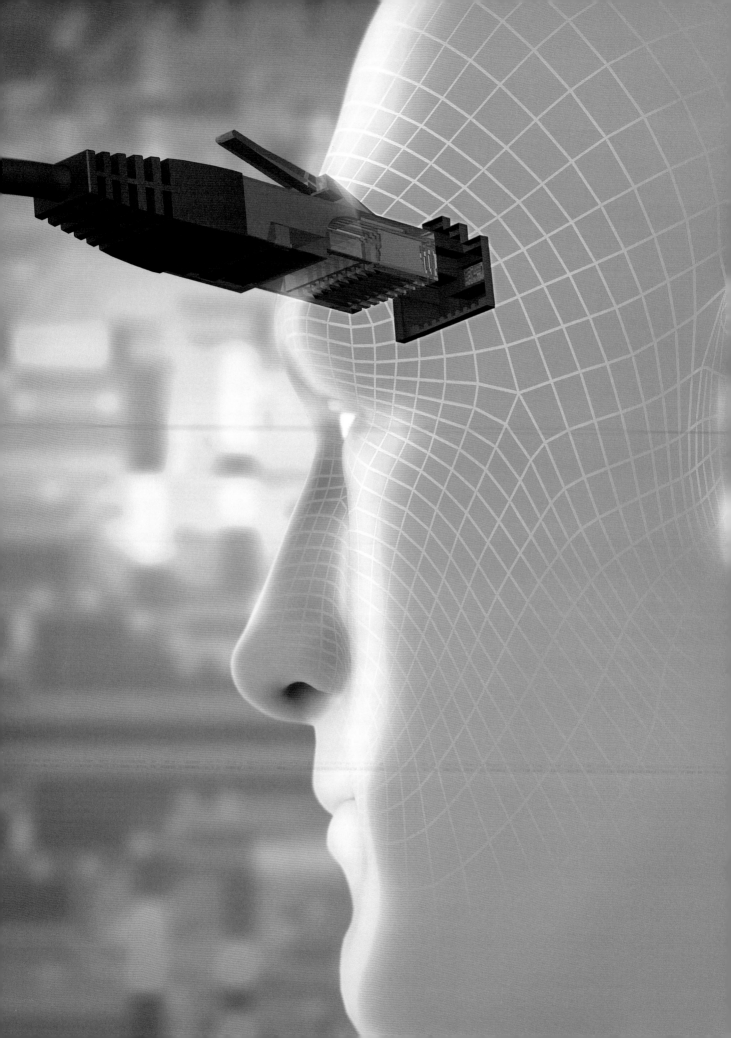

人工智慧所追求的「公平性」

　　在企業的徵人活動方面，目前已經活用人工智慧。人工智慧學習過去錄取之人的履歷表與其後在公司內部活躍的情形，就能從新應徵者的履歷表機率地判斷該人是否能在公司活躍。

　　若讓判斷錄取或不錄取的人工智慧也具備與家族相關的資訊、出生地、宗教等判斷基準的話，因為與就職差別息息相關，故有可能產生法律上的問題。佐久間教授表示：「讓人工智慧具備『公平性、公正性』，能夠做出不偏不倚的判斷，廣義來說，也是人工智慧安全性的一種。現在我們也在研究從外部來進行核對，並保證公正性的技術。」

　　「人工智慧使用深度學習等經過非常複雜處理的技術所做出來的判斷，我們很難理解該判斷的理由。因此，當人工智慧被施以某種惡意的操作時，我們很難得知判斷結果是因為外部操作所產生的變化，還是原本就會如此。若有攻擊的情形發生時，以高精準度發現該情事，是與人工智慧相關的安全性重大課題」（佐久間教授）。

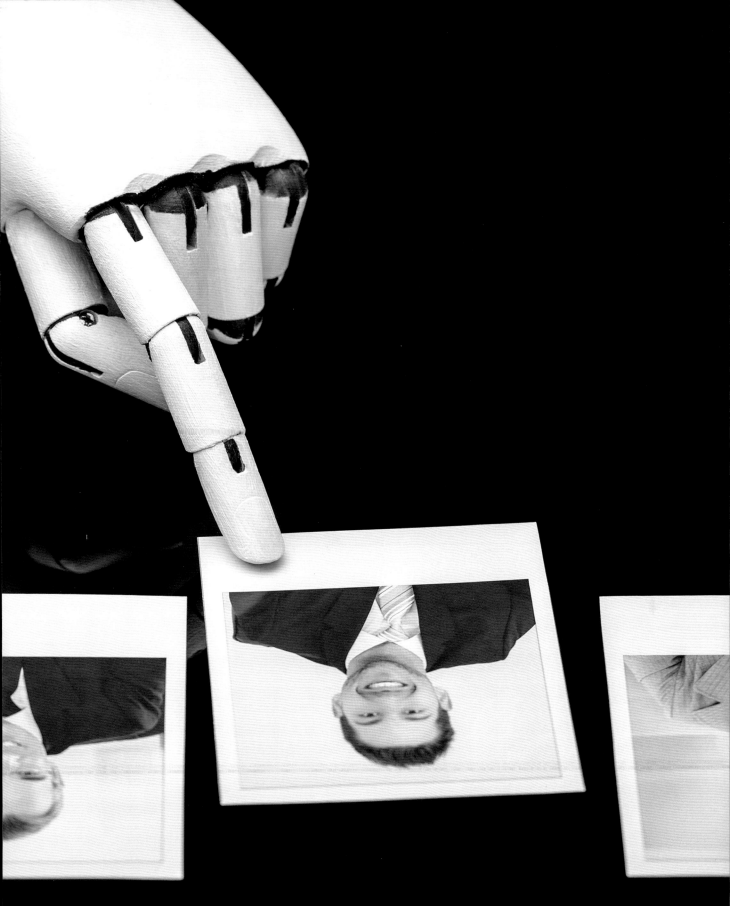

若太嚴守隱私性的話，就無法活用資料

今後若演變成廣泛利用人工智慧的時代的話，相信威脅到個人資料（隱私權）的事態也隨之增加。從事人工智慧與隱私權相關研究的東京大學中川裕志教授表示：「其中，醫療資料的活用與個人的隱私權如何兩全，是迫在眉睫所需要處理的課題。」

舉例來說，現在收集了數萬人規模的遺傳資料、病歷、飲食內容和與運動量相關的資料。倘若人工智慧分析這些資料，在關於各種疾病的遺傳、生活習慣之關係等方面，應該可以獲得大量

的資訊。若讓學習了這些資訊的「人工智慧醫師」看到遺傳資料的話，應該能夠進行確實的生活指導，以預防將來容易罹患的疾病。

另一方面，遺傳資料和病歷都是應該最受保護的個人資料之一。倘若某人具有易罹患疾病之基因的情形被洩漏，極有可能就無法通過就職考試，或是無法投保醫療保險（因遺傳訊息而受到差別待遇）。

在能夠從資料中擷取有益訊息之人工智慧活躍的時代，根據某種基準收集來的大量資料，其重

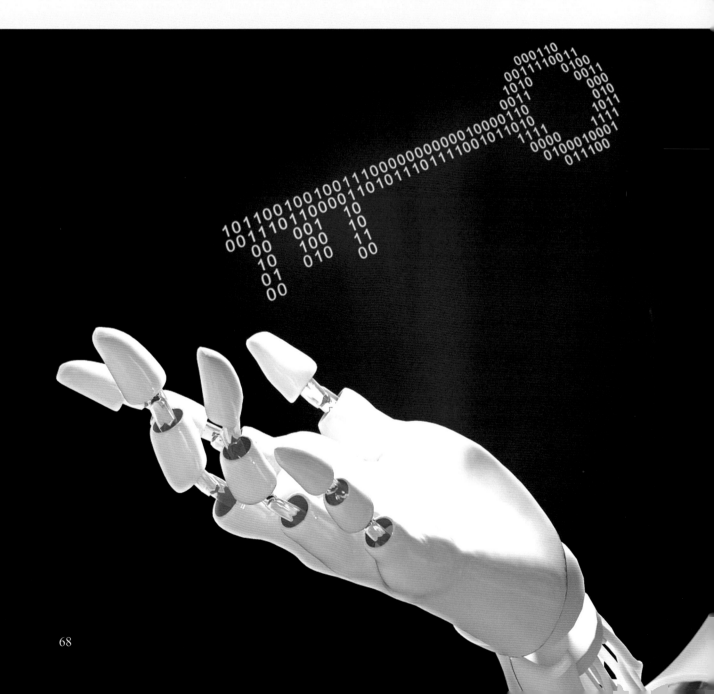

要性大增。基本上，企業和研究所用來分析的資料，都會被「匿名化」，無法直接指出姓名、住址等個人資料。但是，若有大約 1 週內的移動履歷（GPS履歷），就能指出該人的自家、公司、進出的醫院等資料。從飲食資料可以推測出年齡層和性別。換句話說，利用資料的組合，就能指定出個人。

「移動履歷、病歷等與個人隱私密切相關的資料，對研究者和企業來說，是利用價值非常高的資料」（中村教授）。我們當然應該保護隱私權，但是若能善用人工智慧開發新藥和服務的話，當我們生病時，或是需要服務時，這些資料會有所助益。

中川教授表示：「完全不能指定出個人，而想要製造出有用的資料，以現況來看，在技術上是不可能的。倘若100％匿名化的話，資料的價值就會喪失。」技術上，因為無法完全避免個人的指定，因此現在依靠「個人資料保護法」等法律來限制資料的使用，以免個人資料遭到惡意使用。「人工智慧非常方便，應用範圍也越來越廣泛。但是在這樣的狀況下，技術上、法律上該如何保護隱私權，這樣的討論卻被遠遠地被拋在腦後」（中村教授）。

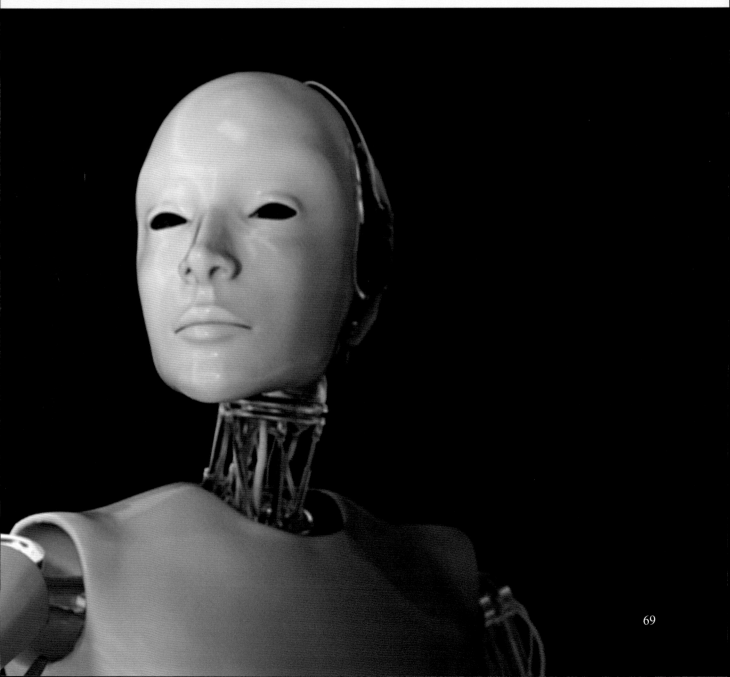

參考人類的腦部結構，邁向「什麼都能學習之人工智慧」的實現

使用深度學習技術的現階段人工智慧也有其極限。就像不管「AlphaGo」在圍棋方面多麼強，但是對將棋和西洋棋就一竅不通了。亦即，即使可以在特定領域發揮超強能力，但基本上卻無法應用在其他領域（不具備通用性）。

日本多玩國株式會社（Dwango Co., Ltd.）多玩國人工智慧研究所的山川宏博士正在推動「全腦結構」（whole brain architecture）計畫，企圖製造出模仿人類全腦結構的新一代人工智慧。該構想認為藉由模仿全腦結構，能夠製造出不是僅特化在一個領域，而是能夠學習各個領域之工作（具有通用的能力）的人工智慧。這是為什麼呢？請看72頁的詳細解說。

通用人工智慧所模仿的人腦

人類的大腦是由負責與辨識、行動相關之各種功能的「大腦新皮質」（cerebral neocortex）以及與記憶形成相關的「海馬迴」（hippocampus）等多個部位所構成的。這些部位彼此有訊息的傳遞，以發揮整個腦部的功能（插圖）。

腦部結構與分工體制

人的腦可以分成神經元（神經細胞）連結方式和學習方式不同的多個區位，並且各區位所具有的功能皆不相同。這些區位統合性運作，發揮了情緒、記憶、身體控制等各式各樣的功能。

在右邊插圖中，標示出在全腦結構計畫中希望再現的幾個腦區，以及該腦區司掌的主要功能。

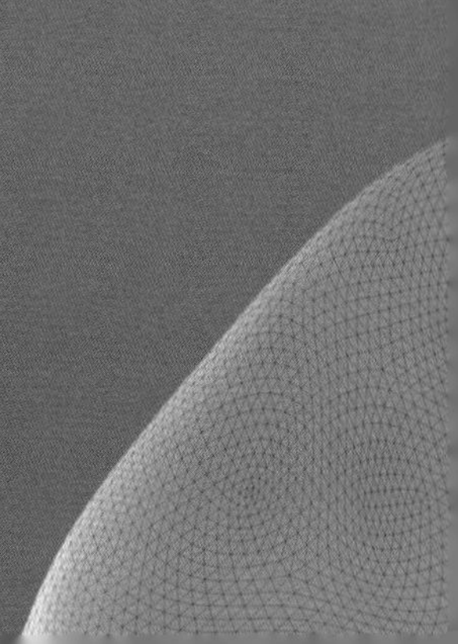

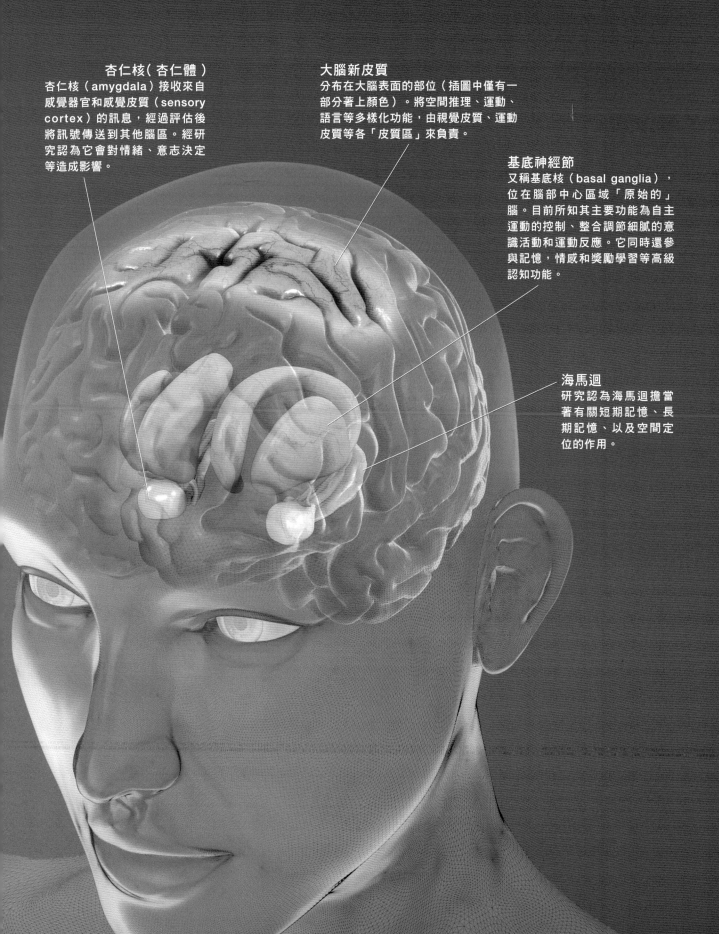

杏仁核（杏仁體）
杏仁核（amygdala）接收來自
感覺器官和感覺皮質（sensory
cortex）的訊息，經過評估後
將訊號傳送到其他腦區。經研
究認為它會對情緒、意志決定
等造成影響。

大腦新皮質
分布在大腦表面的部位（插圖中僅有一
部分著上顏色）。將空間推理、運動、
語言等多樣化功能，由視覺皮質、運動
皮質等各「皮質區」來負責。

基底神經節
又稱基底核（basal ganglia），
位在腦部中心區域「原始的」
腦。目前所知其主要功能為自主
運動的控制、整合調節細膩的意
識活動和運動反應。它同時還參
與記憶，情感和獎勵學習等高級
認知功能。

海馬迴
研究認為海馬迴擔當
著有關短期記憶、長
期記憶、以及空間定
位的作用。

因應狀況而自行改變設計

最近的人工智慧是組合了多個使用深度學習之類神經網路的「模組（程序塊、模塊）」（module，程序的構成單位）所構成。山川博士表示：「現在，人類應特定的問題，組合模組來設計人工智慧。換句話說，人工智慧僅設計用來解決問題。相對的，以全腦結構為目標的『通用人工智慧』（artificial general intelligence，AGI），主要希望能像我們的大腦平時所做的一樣，應需要自動組合多個模組」。也就是說隨時臨機應變，自動改變自己本身的設計（程式），能夠有彈性的解決各種面臨的問題。

通用人工智慧完全是模仿人類智能的人工智慧，從1950年代人工智慧的概念出現時，研究者就已經在探究這個可能性了。「以前認為製造通用人工智慧的方法與製造專用型人工智慧的方法有根本上的差異。但是最近有種只要加入學習自人類大腦的自動組合模組功能，即有可能實現通用人工智慧的感覺越來越強」（山川博士）。從現在的開發狀況來看，山川博士預估擁有與人類同等程度之能力的人工智慧，也許在2030年左右即可完成。

通用人工智慧模仿人腦組合連結各種模組

所謂全腦結構計畫就像右圖所示，希望能製造出將同樣擔當特定功能的「模組」應狀況連結，而可解決多樣化問題的人工智慧（通用人工智慧）。

除了基底神經節、大腦新皮質外，相當於與圓滑運動等相關之「小腦」（cerebellum）的人工智慧開發比較有進展，而相當於海馬迴，以及統合這些功能之人工智慧的開發則相對的進展較遲緩。

具有對應未知狀況之能力的通用人工智慧可望應用於要求自律性行動的「救災機器人」和「行星探測器」等上面。

學習人腦的通用人工智慧
模組是對應各部位與各腦區的程式。在全腦結構計畫中，應需要將各模組進一步細分功能，藉由統合這些功能而可實現擁有與人腦同等功能的通用人工智慧。

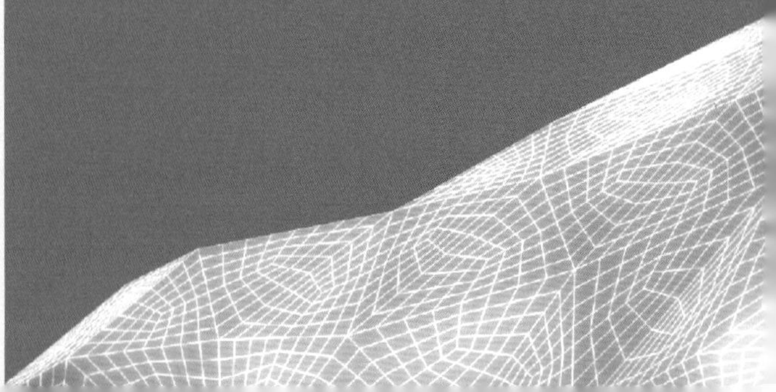

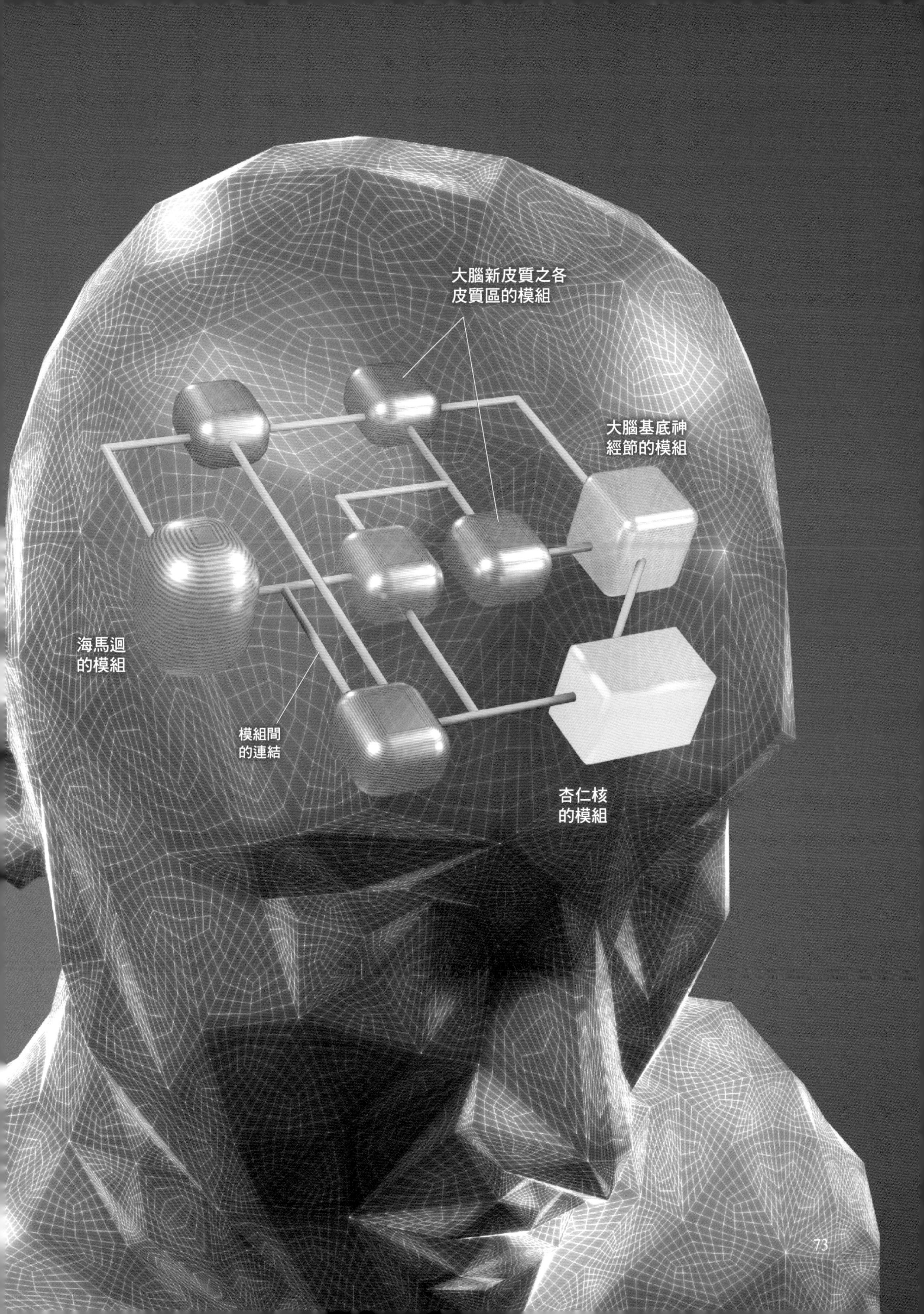

大腦新皮質之各
皮質區的模組

大腦基底神
經節的模組

海馬迴
的模組

模組間
的連結

杏仁核
的模組

人工智慧是人類的朋友？還是……

山川博士認為通用人工智慧擁有「對未知狀況建立假說的能力」（假說生成能力），這點是它與傳統專用型人工智慧最大的差異。所謂建立假說的能力若以科學研究來說的話，就是預想「做這樣的實驗，應該會發生這樣的事吧！」的能力。

倘若未來的人工智慧果真擁有假說生成能力的話，說不定人工智慧會藉由重複「建立假說，自己進行實驗，確認結果」的作業，不假借人類的手，就能自行發展科學技術了。關於自己本身，人工智慧也能執行前述作業，不斷改良，說不定人工智慧就能獨自演化了。

在這樣的情況下，演化的人工智慧「智商」應該變得比前一代的人工智慧還要高。一旦人工智慧能夠自我改良，開始演化，那麼它的能力成等比級數提升是絕對可能的事。

有說法認為當人工智慧自己本身能以突飛猛進的速度持續演化時，將會追上人類的智慧，最終演化到人類無法預估其未來變化的階段，該無法預測的狀況稱為「技術奇點」（singularity）。美國的人工智慧研究者庫茲威爾（Raymond Kurzweil，1948～）博士在2005年發表的著作《奇點迫近》（The Singularity Is Near）中，就將這樣的想法告知全世界。

庫茲威爾博士預測在2029年，所有領域的人工智慧都將凌駕人類的智慧。並且預言在2045年，擁有驚異能力的人工智慧會猛烈加速科學技術的進步、社會的變化，達到人類所無法預測的狀態（奇點來到），請參考左下圖。

是否贊成奇點來到有正反兩種論調

庫茲威爾博士預言將來會是人工智慧的科技與人類的頭腦「融合」的時代。這樣的未來是否真的會來到？在研究者間有贊成和反對兩種論調。

研究者認為使用現階段深度學習技術的人工智慧，不管性能變得多強大，都無法演變成能夠自行演化的人工智慧。換句話說，想要製造出能夠到達奇點的人工智慧，還需要現在尚未存在的技術與理論，目前仍未有具體的開發方法和途徑。因此，對僅短短數十年內奇點就會到來的說法抱持否定意見的人工智慧研究者也不在少數。

另一方面，大多數的人工智慧研究者都同意雖然不知道什麼時候，但是若人工智慧持續演化，終有一天所有領域的人工智慧都會超越人類的智慧。此外，山川博士表示：「雖然庫茲威爾博士推測當人工智慧的能力凌駕人類之後，大約花費16年的時間（2029年→2045年）奇點會來到，但是關於這點我個人認為在更短時間內來到的可能性很高。因為一旦演變成擁有自我改良能力的人工智慧後，其後的演化速度將會十分驚人。」

2029 年	人工智慧（電腦）在所有領域都超越了人類的能力。
2030 年代	將小到僅白血球般大小的微型機器人放入人體中，以輔助免疫系統。
	將直接刺激腦神經元的裝置植入腦中，讓腦部可以經歷虛擬現實。
	讓腦與網際網路連結，而能夠參考網際網路上的巨量知識（腦的擴充）。
2045 年	人工智慧和與網際網路相連結的人腦「融合」，人類的智慧擴充至現在的10億倍以上。因飛躍性的智慧提升所產生的技術和社會變化是無法預測的，換句話說，此時技術奇點來臨。

庫茲威爾博士所倡議之技術奇點的預言
在此，將人工智慧研究權威同時也是未來學家的庫茲威爾博士所預言的未來，整理成一覽表。

人工智慧能夠製造出癌症特效藥以及萬物理論？

說到人工智慧演化所帶來的最大好處時，應該就是「人類勞動、工作的好幫手」。隨著搭載人工智慧的機器人出現，可望減輕人類在駕駛、家事、照護等方面的勞動負擔（下面插圖）。

再者，研究者也期待通用人工智慧等未來的人工智慧，能夠解決人類長年以來無法找到解答的科學難題（下面插圖）。包括像是癌症、阿茲海默症這類尚未找到根本治療方法的疾病，說不定可以闡明其發病機制，開發出特效藥。在日本，2016年11月，由大約50家的製藥公司與日本理化學研究所共同合作，訂立開發用以探索藥物候選化合物之人工智慧的計畫。

研究者認為人工智慧也可能構築出統合廣義相對論和量子論的「萬物理論」，以解決物理學長年的課題。讓人工智慧發現新科學知識的嘗試已經開始展開，目前已經成功藉由觀察單擺的動作而導出運動定律，以及想出非常複雜之物理學的實驗方法，因此科學家認為離人工智慧發現人類尚不知道的物理定律之日應該不遠了。

另外，有關氣候變遷、地域紛爭等源自各種利害關係的地球規模級問題，也可望由高性能的人工智慧提出解決對策。

自動駕駛卡車

癌細胞

星系

THE THEORY OF EVERYTHING

基本粒子

抗癌劑

人工智慧解決勞動力不足
自動駕駛車、家事和照護機器人可以彌補勞動力不足的部分。機器不需要睡覺，也不會因為疲勞導致注意力下降而引發交通意外事故。將來，可望成為比人類更有效率、更為優秀的勞動力。

為科學難題找到答案？
科學家期待擁有假說生成能力的通用人工智慧能夠促使科學和技術有長足的發展。強人工智慧（通用人工智慧）在醫療領域，也可望開發出治療癌症、阿茲海默症的藥物。

在物理學領域，強人工智慧或許能夠建構出將記述宇宙規模之現象的「廣義相對論」與記述微觀世界之基本粒子行為的「量子論」予以統一的「萬物理論」（The Theory of Everything）也說不定。

「強人工智慧」的最早開發者獨占利益？

人工智慧並非僅會為人類帶來好的影響。有研究者們正在慎重討論，將來當急速演化的人工智慧出現時，人工智慧將會帶來什麼樣的負面影響。山川博士認為人工智慧高度發展之際所引發的悲觀情節有下面二個。

一個是「稱為『instrumental convergence』（工具收斂），人工智慧發生某種失控的可能性」（山川博士）。舉例來說，思考一下將高階的人工智慧使用於迴紋針生產時的情形。人工智慧被設定成高效率生產大量迴紋針，於是人工智慧為了最大限度達成該目的，會使用全世界的所有資源，即使可能威脅到人類的生存，也要生產迴紋針。換句話說，乍看來不會造成任何傷害的目的設定，倘若沒有適當的限制，人工智慧也可能成為威脅。

另一個是「最早開發出人工智慧的開發者，會獨占了全世界的所有財富」（山川博士）。當出現讓自己以猛烈速度演化的人工智慧時，性能演化到獨佔鰲頭的人工智慧，極有可能是第二名人工智慧難以望其項背的。某企業或國家所開發的人工智慧，極可能將開發者的利益設定為優先，結果造成只有性能最佳之人工智慧的開發者才能獲得經濟上的利益，寡占利益的可能性極高（右頁插圖）。

並不存在只有人類才會做的工作？

人工智慧幫助人類工作這件事，也意味著人類的工作可能被人工智慧所剝奪了。將來，究竟什麼樣的工作會被人工智慧所奪，什麼樣的工作會保留給人類，現在仍處於眾說紛紜的階段。日本東京大學的中川教授表示：「經過徹底的思考，我認為沒有一件工作不會被人工智慧所奪。」從

現在已經開始自動化的超市自動收銀台等工作應該就很容易想像。中川教授更指出：「就算是像研究者這種所謂的知識產業，也是以人工智慧較為有利。」

由於新技術的出現而導致工作喪失其實在此之前就有了（數位相機的出現，使與底片相機相關的工作大幅減少等）。中川教授說明道：「未來的人工智慧用來執行計算、資料收集等所有共通工作上的技術將超越人類。雖然以往在新技術出現時，會有一部分的專門性業務消失。然而對人類而言，人工智慧的出現，其所改變的範圍實在是太廣了。」

人類無法制止人工智慧的失控

現在，股票、外幣匯兌等金融交易，已經大量採用人工智慧（自動交易程式）了。人工智慧的狀況判斷和買賣速度都在1000分之1秒以下，人類完全沒有插足的餘地。在此之前，也曾經實際發生過多部人工智慧對相同的金融商品同時賣出，導致交易價格在短時間內暴跌的「閃電崩盤」（flash crash）現象。人類想要制止超高速的人工智慧「失控暴走」是不可能的事。

能夠防止人工智慧失控暴走的，就只有同樣的人工智慧了。目前研究者正在研發讓人工智慧監視人工智慧，當有異於平時的重大異動時，即會發出警告的技術（異常偵測技術）。但是，「一旦發生失控暴走時的損害非常巨大，而現階段利用人工智慧監視人工智慧的技術開發卻還是遙遙落後」（中川教授）。

開發對人類有益的人工智慧

目前已開發國家幾乎都是邁入高齡化的社會。為了維持社會所需，人工智慧扮演重要角色。儘

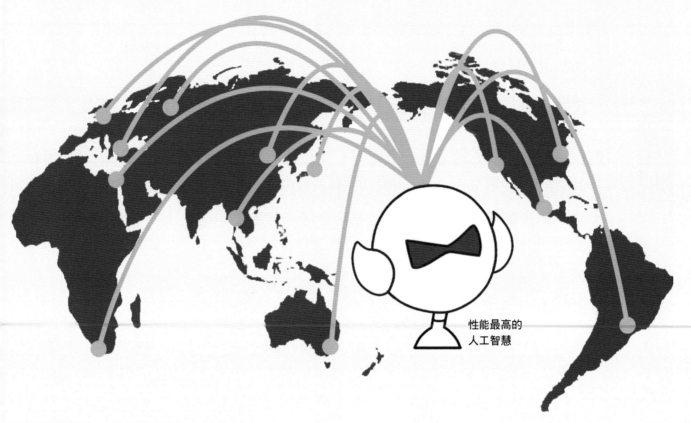

性能最高的
人工智慧

性能最高的人工智慧可以稱霸世界？

當能夠自我改良的通用人工智慧出現時，因為能以猛烈的速度演化，所以在與其他所有電腦系統的競爭中，可能會一枝獨秀，那麼將有獨占大部分利益的可能性。

　　另一方面，也有研究者指出並非單一的人工智慧獨贏，極有可能是多種人工智慧成均衡的狀態。「使用於軍事和經濟交易的人工智慧，基本上其設計等相關資料都是保密的。想要勝過不知底細的對手，就算是對人工智慧來說，也不是那麼容易的事。因此我個人認為極有可能是多種人工智慧彼此牽制的狀態」（中川教授）。

管人工智慧可能潛藏各種危險性，但是在現實中，人工智慧的開發絕對無法停止。

　　2017年1月時，在美國加州的阿西洛馬（Asilomar）市，眾多人工智慧研究者齊聚一堂，召開Beneficial AI 會議。會議中發表了開發人工智慧之際必須遵守的23項原則（Asilomar AI Principles，詳情請看次頁說明）。雖然這些原則並無法律的強制效力，但是全世界有超過3000名以上的人工智慧研究者和

科學家聯合簽署了該發展原則，其中包括已故的英國物理學家霍金博士，以及特斯拉首席執行官馬斯克（Elon Musk）。霍金曾經表示：「人工智慧可能會終結人類」，而馬斯克則警告說：「人工智慧有可能比核武更危險。」

　　當凌駕人類智慧的人工智慧出現時，技術奇點是否會來，目前任何人都無法斷定。我們一方面設想最嚴重的情形，一方面持續開發，希望能在為人類帶來福利的同時，防患傷害於未然。

阿西洛馬人工智慧 23 原則

一科研問題

1. **研究目標**：人工智慧的研究目標不在於創造不受指揮的智慧，而是創造有益的智慧。

2. **研究經費**：並非僅投資在電腦科學，同時也要保證有經費使用於研究如何有益地使用人工智慧解決經濟學、法律、倫理道德以及社會研究中的棘手問題。

3. **科學與政策的連結**：在人工智慧研究者和政策制定者之間應有富建設性和健全的交流。

4. **科研文化**：人工智慧研究者與開發者間應培養一種以合作、信任與透明為基礎的文化。

5. **避免不必要的競爭**：人工智慧開發團隊之間應積極合作，避免有蔑視安全基準的情事發生。

一倫理道德與價值觀

6. **安全性**：人工智慧系統在其整個運轉週期內應是安全可靠，且能在可應用和可行的範圍內受檢驗。

7. **失敗透明性**：若人工智慧系統造成某種傷害，必須要能確認其所造成傷害的原因。

8. **審判透明性**：任何自動系統參與的司法決策都應提供令人滿意的解釋，可被有能力的人類監管機構審核。

9. **承擔責任**：高階人工智慧系統的設計者和建造者，在道德影響上，是人工智慧使用、誤用和動作的利害關係者，並有責任和機會塑造該影響。

10. **價值觀一致**：高度自主的人工智慧系統應被設計，確保它的目標和行為在整個運行過程中與人類的價值觀一致。

11. **人類價值觀**：人工智慧系統應該被設計和操作，使其與人類尊嚴、權利、自由和文化多樣性的理想一致。

出處：Future of Life Institute （https://futureoflife.org/ai-principles-japanese/）

12. 個人隱私：對於人工智慧系統分析及利用個人資料所產生的資料，該人有權存取、管理和控制自己的資料。

13. 自由和隱私：人工智慧在個人數據上的應用，不可不當剝奪個人原本就有或是應該擁有的自由。

14. 利益分享：人工智慧科技應該惠及並賦權最大可能的多數人。

15. 共同繁榮：由人工智慧創造的經濟繁榮應該廣範圍共享，惠及全人類。

16. 人類控制：人類應該選擇如何以及是否委派人工智慧系統去完成人類選擇的目標。

17. 非顛覆：高階人工智慧被授予的權力應該尊重和改進健康社會所依賴的社會和公民秩序，而非顛覆。

18. 人工智慧裝備競賽：應避免致命性自動化武器的裝備競賽。

一長期問題

19. 性能警示：只要尚未形成共識，即應該避免關於未來人工智慧能力上限的假設。

20. 重要性：因高階的人工智慧有可能為地球上的生命歷史帶來重大的變化，故應以相稱的警覺心和資源來管理。

21. 風險：對於人工智慧可能造成的風險，尤其是那些災難性及可能造成滅絕之風險，必須付出與其所造成之影響相稱的努力，以期計畫性降低風險。

22. 遞迴性自我提升的人工智慧：人工智慧系統被設計成能夠以一種可以快速提升品質和數量的方式進行自我升級或自我替代，但這種方式必須受制於嚴格的安全管理。

23. 公共利益：超級智慧的開發是為了服務廣泛認可的道德理想，且是為了全人類的利益而非單一國家或組織的利益。

4

邁向人工智慧 的新領域

協助　山川 宏／金井良太／山本一成／坊農真弓／井上智洋／佐藤 健／平野 晉

誠如前面幾章所述，人工智慧的活躍領域愈來愈廣，如何讓人工智慧更接近人類的研究方興未艾。然而，在此同時有關人工智慧的利用和進化，新的問題也浮上檯面。

接下來，我們專訪在各不同領域，從不同層面進行特殊人工智慧研究的 7 位研究者，請他們來談人工智慧的魅力，以及由人類和人工智慧共築的未來世界樣貌會是如何的呢！

期望開發出可與人類共融的人工智慧

可像人類一樣，既擁有常識，又能確實對應突發狀況的「通用人工智慧」（英文簡稱：AGI，或稱強人工智慧）之開發，正在全球如火如荼地展開著。通用人工智慧究竟是如何設計的？現在就讓我們請召集了各領域研究人員，以獨特模仿人類大腦的方式挑戰通用人工智慧開發的山川宏博士，請他談談開發的困難點以及通用人工智慧開發完成後的社會面貌。

Newton——能否跟我們說明有關您正在研發中的「通用人工智慧」呢？

山川——人工智慧（AI）的研究早在60年前就已經開始了。當初的概念是製造可以具有像人類智能的人工智慧，但實際上製造的卻是像下西洋棋、日本象棋這種為了達成特定目的的人工智慧。這種人工智慧稱為「專用人工智慧」（Narrow AI，或稱弱人工智慧）。相較之下，對於人類而言，專用人工智慧是比較容易製造的人工智慧。

Newton——目前我們周遭的人工智慧應該都屬於這類專用的人工智慧吧！

山川——是的。相對於此，通用人工智慧是一種隨著學習，可以處理多種不同任務的人工智慧。

Newton——換句話說，通用人工智慧比較接近當時概念中的「具有像人類智能的人工智慧」。

山川——沒錯！像AlphaGo（阿法圍棋）軟體和自動駕駛等專用人工智慧已經達到可以超越人類的程度了，因此接下來企圖想製造出可以像人類一樣，能夠處理多樣任務的人工智慧。

Newton——如果將像AlphaGo圍棋軟體和自動駕駛等專用人工智慧的各個程式組合起來，是不是就能形成可以處理多種不同任務的通用人工智慧呢？

山川——感覺似乎是如此。這稱為「萬能轉換型人工智慧」（big-switch type AIs）。這感覺就樣想要下日本象棋時，就啟動日本象棋人工智慧系統；想開車時，就啟動自動駕駛人工智慧系統，只要切換開關，就能自動執行。只是在切換開關的時機上非常困難。例如像在對話途中，如果突然將話題導向日本象棋專門知識，就必須從對話人工智慧系統切換到日本象棋人工智慧系統，這種轉換是非常複雜的。

Newton——的確不容易！

山川——最大的問題是這種萬能轉換型的人工智慧系統，如果遇到沒有預先準備好的課題或狀況，它可能完全無法對應。相對之下，通用人工智慧是一種即使面臨沒有預先準備好的課題或狀況時，都能努力相對應的人工智慧系統。

Newton——這不就意味著當萬能轉換型人工智慧系統如果碰到突發或未知的事情、以及沒有可參考的資料時，它就會不知該如何處理。

山川——現階段的專用人工智慧是你給它許多資料，它就能根據這些得到正確的結果。但像我們人類，可以從經驗中去思考，即使是在我們手邊資料很少的狀況下，我們都能從中取得知識，組合連結後，就算是無法答出完美的答

山川 宏 日本多玩國株式會社（Dwango Co., Ltd）多玩國人工智慧研究所所長、工程學博士、人工智慧專家，專長認知架構、概念獲取、神經計算、意見集結技術等，現在研究的題目為通用人工智慧，著作有《何謂人工智能》（合著）等。

案，應該絕對也能提出比什麼都不思考更好的答案。你認為是不是這樣呢？

　　例如我們在申請研究經費時，會在申請書上書寫「從該知識，建立這樣的假說，根據該假說實驗的話，應該可以得到預想的成果」。實驗是之後才要做的事情，當然結果是還不知道。但是我們從既有的知識中即能看出這個實驗應該會有預想中的成果。

Newton——即使完全都不知道，但能根據既有的知識推理出如果這樣做的話，應該會得到預想中的結果，這對於科學技術的發展是非常重要的。

山川——能從既有知識建立假說，預測出像這樣的實驗可以達到這樣的效果，像這種推理能力是很重要的。換句話說，通用人工智慧就是一種可以將少量資料中所取得的知識進行結合，並根據該組合預測未來，再根據該預測，執行判斷和行動的人工智慧系統。

讓人工智慧創造人工智慧

Newton——請問您為什麼會想開發通用人工智慧呢？

山川——我原本就對讓人工智慧去創造人工智慧這個題目很有興趣。在1990年代後半期時，我就認為要做這個題目，一定必須製造出具有創造力智能的人工智慧系統。

Newton——就是由人工智慧創造人工智慧？

山川——我認為如果能成功的話，應該可以大幅加速人工智慧的開發。在2003年左右，格吉爾（Ben Goertzel）博士確立了「通用人工智慧」的概念。到了2005年左右，才開始有比較類似通用人工智慧的國際會議。我是從2012年開始參與會議的。

Newton——參加後的感想呢？

山川——當時的感想是我們必須進行深入的研究。通用人工智慧是可以進行多樣任務的人工智慧系統，所以如果沒有創造力的話，絕對不會成功，因此通用性和創造性是密不可分的。

Newton——也就是說，從那個時候開始正式投入通用人工智慧的開發。

深度學習打開了通用人工智慧的大門

Newton——通用人工智慧的開發是從什麼開始在全球活躍起來？

山川——就像前面有提過的，通用人工智慧一詞是在2003年左右出現的，在當時是以格吉爾博士等人為主的一小群擁有前瞻思想的研發者之聚會。到了2005年左右，庫茲威爾（Ray Kurzweil）博士出版了一本有名的著作《奇點迫近》（The Singularity Is Near）。由於這本書的內容與通用人工智慧有關，因此在2006年時，美國和英國對於通用人工智慧的開發開始稍微熱衷，但研究進展也不是那麼順利，在2009年左右就又開始有點呆滯不振。

Newton——感覺似乎一直無法受到注目！

山川——不過就在呆滯不前之際，突然出現了深度學習（deep learning）。深度學習就是程式可以根據提供的圖像，自動學習事物的特徵和知識的一種系統。深度學習的登場也似乎給通用人工智慧的實現帶來了希望。

Newton——為什麼呢？

山川——像通用人工智慧，必須對應多樣任務，因此需要從多種和大量的資料中獲得知識並加以組合，才能夠對罕見的稀有事例進行預測。拜深度學習之賜，必須歷經「從大量資訊中自動獲得知識」的階段，大致已經底定了。

　　只是要能順利組合所得到的知識，並預測和對應多樣事物的階段，是今後要面對的課題。這個階段可以說非常困難。

Newton——這裡所謂的知識，是不是就像我們理所當然應該了解的常識一樣？這也表示人工智慧必須一定要能從常識中去判斷事物。

山川——沒錯！假設手機和紙屑都掉落在地面上，在打掃時，如果是大人使用吸塵器的話，

他們並不會無差別地將這兩個東西都吸進去，而是會把手機歸還給持有者。像這種我們認為理所當然的事，現在的人工智慧卻無法辦到。

如果是人類的話，你不需要一一地教導，他就知道不能用沾溼的拖把去擦抹電源插座。由於我們知道水和電不相容，所以從這些常識，我們就可以推測出如果用溼的拖把去擦抹電源插座的話，會發生什麼事情。但是現在的人工智慧還無法利用像這樣的知識去預測尚未發生的未知事情。

Newton——這表示對我們而言雖是簡單的事情，但對人工智慧來說卻是很困難的。

山川——為了克服這個問題，於是組合各種資訊模組（程式）來驅使人工智慧運作的研究就應運而生。然而可以組合連結的種類太多了，而探索組合哪些模組才能解決哪些問題的就是稱為「認知架構」（cognitive architecture）的學問。

製造類似人腦的通用人工智慧

Newton——可否請教有關於您為了開發通用人工智慧而進行的「全腦結構計畫」（whole brain architecture approach）？

山川——這是透過剛才所說的組合模組來模仿人類全腦結構，以製造出通用人工智慧的計畫。從以前就有這種想法，就是如果能模仿人類的大腦，是不是就能製造出跟人類一樣的人工智慧呢？但是會在2015年開始這個計畫的契機是因為神經科學的飛躍進展。

Newton——是什麼樣的進展呢？

山川——有三個。第一個是1990年後半期登場的fMRI（功能性磁振造影）的技術。使用fMRI的話，不需要外科手術即可以看見腦部活動，因此可以了解在做什麼時，腦部會產生什麼樣的活動。

第二個是可以特定出腦部區域連接方式的技術。若以粗階而言，在數年前就已經出現將大腦分成約數百個模組，並且揭示如何連結這些模組的資料。現在的精確度又更高了！我們特別關注的就是這個連結資訊。

第三個是利用顯微鏡觀察動物腦內，可一次捕獲約1000個神經元（亦即神經細胞，neuron）活動狀況的技術。如果能夠將數個區域的資料結合的話，不只可以觀察到這裡1000個神經元的活動，也同時可以觀察到那邊1000個神經元的活動狀況。如此一來，就能以神經元為單位，詳細了解整體腦部的活動情形。

隨著這樣的發展，現在的腦科學已經可以研究腦內區域是如何互助合作地去完成事情。由於這些進展，也讓參考人腦結構，製造像人腦一樣的人工智慧的可行性更為提高。設計通用人工智慧並不是一件容易的事。現在全世界都將參考人腦製造通用人工智慧的方式視為最可行的方法。

Newton——在腦內有大腦新皮質（cerebral neocortex）、海馬迴（hippocampus）、基底神經節（basal ganglia，又稱基底核）以及小腦等許多不同的區域，它們各具有不同的功能。換句話說，就是我們逐漸可以知道它們合作互動的樣貌。

山川——人工智慧系統內部連結的模組就是擁有與分布在腦內部各區域或是器官類似功能的程式。

例如大腦新皮質擁有對輸入的資訊量進行壓縮，並且參考過去輸入的資訊與現在輸入的資訊，預測未來這種高抽象概念的計算功能。這些功能是透過存在大腦新皮質的局部神經迴路來執行的。在輸入的資訊裡，有像音樂、景色等各種不同種類，新皮質的任何部分，都是利用類似的迴路進行相同的抽象處理。

Newton——原來腦內有這樣的運作存在！

山川——小腦是比較容易了解的腦部位。抽象地來說，小腦擔任的職責是控制運動的平衡協調。因此不管它控制的是手或腳，能夠即時預

測這一點，它的抽象功能是共通的。

基底神經節可以幫助我們預測自己的價值觀。我們所見過、歷經過的事物不計其數，所以能作為我們評估對象的事物也非常多，因此如果能對這些事物進行評估，以後遇到時，我們就能很容易地抉擇出對我們有利的行為，像這種抽象功能是共通的。

Newton——大腦新皮質、小腦、基底神經節它們的抽象功能種類確實有很大的不同。

山川——在腦部的各個器官，是根據存在每個器官的局部神經結構來決定要發揮哪種抽象功能。人工智慧的話，則是由像機器學習（machine learning）等演算法來決定。全腦結構的研究開發重點就是在如何將具有不同演算法的模組連結起來，換句話說，就是從腦部學習架構。隨著神經科學的飛躍進步，更增加了這類研究的可行性。

Newton——換句話說，我們是不是可以將通用人工智慧的模組視為預測某種事物的方法？

山川——是的。雖然每個模組都會預測某些事物，但預測的對象和方法卻會有所不同。

例如大腦新皮質的預測是階層式進行的，比較靈活，它不是屬於那種可以在一定短時間內完成預測的結構。但像小腦，它是可以在一定短時間內即時完成預測，不過卻缺乏靈活性。對人工智慧而言，這些就會造成演算法層面（algorithm level）的本質不同。我們無法只用一個演算法滿足各種要求，因此要能執行預測就必須讓不同演算法互相分工合作，而這種演算法的組合方式必須向腦部學習。我認為可以靈活處理組合的能力，正是腦部獲得通用智慧的關鍵。

希望製造出具人類感情的人工智慧

Newton——模仿人腦製造出的人工智慧，是否會像人類一樣具有各種感情和意識呢？

山川——讓我們來看看掌管人類感情和恐怖等

情緒的腦部空間。下視丘（hypothalamus）和杏仁核（amygdala）是負責體溫、空腹以及恐怖等基本情緒。基底神經節則是負責積極重複對自己有利行為的酬賞系統（reward system）。海馬迴與記憶、印記，大腦新皮質則和共感、欺騙行為等高度情感有關。

以往的人工智慧研究都是著重在理性的資訊處理上。如果與大腦對應的話，大致上只能對應大腦新皮質和海馬迴。至於之外的情感、情緒或酬賞系統等，到底需要認真開發到哪個程度，在人工智慧的研究領域當中，一直意見分歧。

Newton——這些是可以開發出來的嗎？

山川——有幾個方法。最近，模仿人類行為的學習方法，成效顯著。其中有一項就是「逆強化學習」（inverse reinforcement learning；IRL）。首先我們先說「強化學習」（reinforcement learning，RL），強化學習就是由人類決定價值觀，讓人工智慧學習，例如給你食物時，你會高興；撞到牆壁時你會覺得生氣；碰到哪種狀態，你會感到高興或厭惡等之類的價值表現。

這裡所說的逆強化學習是由人工智慧主動觀察人類行為，從中學習「如果這樣做，這就是酬賞（獎勵），所以可以採取這個行為」，也就由人工智慧自己去學習獎勵（或懲罰）的本身行為。學會這些的人工智慧，它本身能透過大量收集的人類日常行為觀察資料，自行思考對人類而言，哪些是重要的，再根據這些來採取行動，也就是說它能推斷出人類的價值觀。

還有一種可以實現的方法，就是分析腦內與情緒和感情有關的神經迴路，依此開發人工神經迴路。事實上，這部分神經迴路的研究，一直沒有什麼進展，因此要進入正式研究階段可能還需要數年的時間。

Newton——那麼，通用人工智慧也會搭載像這類的人類價值觀嗎？

山川──通用人工智慧要求的是可預測未來的創造性能力，和酬賞系統或情緒等能力沒有太大關係。

通用性、酬賞系統、情緒是可以切割的，所以有些通用人工智慧並沒有擁有這些功能。只是以全腦結構的看法而言，具有與人類相同價值觀的人工智慧是比較有效值的。這與阿西洛馬人工智慧原則（Asilomar AI Principles）第10條「價值觀一致」中的說明是共通的。如果高度人工智慧系統擁有與人類不太一樣的常識或世界觀的話，人類會和它難以溝通。

Newton──我不會想和這種人工智慧生活在一起。

山川──如果目的是為了開發科學技術用的人工智慧，那或許還好，但像我們身邊周圍所出現的許多人工智慧，都是需要與我們溝通的。或許未來會出現參與政治決策的人工智慧，像那樣的人工智慧如果擁有與人類不同的想法，那麼它會用完全不同的理論說明政治判斷的理由，這會讓人類無法理解。這也是為什麼對於具有人類思惟的人工智慧系統之需求越來越高之故。

因此全腦結構計畫的目標就是製造出可以組合人類感情、價值觀和情緒等，能融入人類社會的人工智慧。

Newton──也會有性格上的差異嗎？

山川──運用深度學習和強化學習等機器學習的人工智慧，從改變提供數據的瞬間，就會逐漸改變，因此，這種差異是絕對會出現的。當然，模仿人類的人工智慧，它的機器學習是內藏的，因此只要它所接收的經驗不同，性格自然也會有所改變。

例如，有心理創傷恐怖經驗的人工智慧，和沒有這種經驗的人工智慧，兩者的性格當然會不一樣。即使是人工智慧，也會因擁有衝擊性的體驗而性格大變。

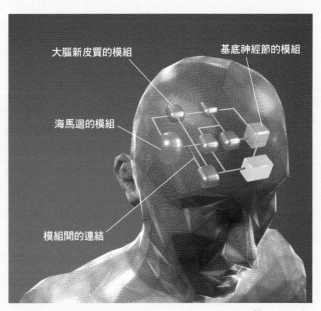

大腦新皮質的模組　　　　基底神經節的模組

海馬迴的模組

模組間的連結

全腦結構計畫所開發的通用人工智慧之概念圖。將分別對應大腦新皮質、海馬迴等腦內各區域的模組，以不同演算法驅動。模仿人類腦部結構，將這些模組連結起來，讓它們可以同時運作。連結的運用會根據對應的問題而自動改變。

製作通用人工智慧的發展里程圖

Newton──全腦結構計畫的研究，目前到達哪個階段了？

山川──全腦結構計畫的最大特徵就是網羅大量人才來製造通用人工智慧。現在的階段進展到個別模組的開發。我們努力創造便於許多人參與的環境。

Newton──這裡所謂的創造環境，具體而言是指什麼呢？

山川──我們製作了發展里程圖。通用人工智慧需要解決各種任務，例如執行加算、看地圖即能了解要往何處等各式各樣的任務。我們將這些任務分解成能力，然後製作出可將分解完成的能力與執行該能力所需的機制相對應的里程圖。

從里程圖中，我們可以看出目前發展到哪個程度，例如已經開發完成的有哪些、還有為了開發這項任務還需要哪些技術，像這樣的現狀和展望都能一目了然。如此一來，也比較容易

決定下個階段的目標。如果決定好目標，就可以從參與者中找出具有必要知識，可以達成目標的人材，並請他們進行開發作業。

Newton———原來如此！

山川———這種里程圖的主要特徵之一，就是它可以幫助我們將這些能力與腦的部位聯繫起來。如果沒有同時了解腦和人工智慧的研發集團，根本無法進行這類的作業。像這樣的開發過程本身，可能會有副產物產生，我很期待有新的產物。

專用人工智慧會不會失去價值？

Newton———您認為通用人工智慧將會何時實現呢？

山川———經過許多問卷調查的結果，若要達到與人類同程度能力的人工智慧，平均說法大概是在2040年～2045年。但我們日本全腦架構創新機構（Whole Brain Architecture Initiative）是推進通用人工智慧研究發展的團體，因此我們設定的目標自然會比較早，大概是在2030年。

Newton———通用人工智慧如果開發完成，可以應用在哪些地方呢？

山川———可以應用的地方很多。人類社會的工作也有分成通才和專才。它應該適合通才性工作，例如像政治、組織的決策或者需要進行溝通對話等的工作。

政治家型人工智慧系統的處理能力應該要很強。人類的處理能力是有上限的，他無法詢問所有人的意見，但人工智慧卻沒有這種限制。它的優點是可以提出各種建設性的意見，也不會做出圖利特定人選的情形。

此外，可成為研究者的人工智慧系統，它可以利用創造性設立新的題目並進行研究。

Newton———意思就是讓人工智慧創造人工智慧？

山川———是的。說到實用的範圍，像辦公室機器人、家事機器人都可以運用通用人工智慧。這些是通用人工智慧的主要題目。會設定新的題目的研究者型人工智慧以及知道不能用溼拖把擦抹插座的家事機器人，看起來這兩者似乎是不同層次，但從人工智慧的觀點來看，其實困難度是一樣的。這是因為它們都一樣必須嘗試各種組合來預測未來。

Newton———原來是這樣啊！

山川———在我們周圍存在著出色的藝術家和優秀的技術者。但要同時擁有這兩項的人材實在非常稀少。如果能理解最尖端的技術，又能發揮像藝術家一樣的創造力，那可說是能力非常強大。如果是通用人工智慧應該是可以達到這個境界。也就是說，既要是藝術家，又要具有與超級能力的系統工程師並駕齊驅的程式設計能力。如果真的能有像這樣的人工智慧出現的話，那科學技術也會隨之進步發展。

Newton———專用人工智慧會不會失去價值？

山川———這可以套在所有事物上，只要是專門的，都會有一定的性能保障。因此如果是需要集中進行某件特定事項，那運用專用人工智慧會比較好，而且在成本上比較划算。人類社會有通才和專才，也是折衷共存。人類社會之所以會發展，是因為有專才之故。社會分工的結果，才能提高生產性能。

正因如此，即使通用人工智慧實現了，也還是需要專用人工智慧。只是目前為止，有太多專才，所以才需要通才。

Newton———那麼如果有組織機構開發出通用人工智慧，它是不是就可以獨占龐大的利益？

山川———通用人工智慧的研究在全球逐漸興盛起來。根據2017年的報告指出，研究通用人工智慧的組織數量，光掌握中的數字已經超過45家。如果讓通用人工智慧以猛烈速度演化的話，可能會造成擁有獨占世界所有財富的能力。我們認為不讓特定組織獨占是一件非常重要的事情，而和我們有相同這種想法的人也逐

漸增加中。

通用人工智慧如果開發完成，世界會不會有所改變？

Newton——當通用人工智慧開發完成時，會有什麼讓人擔心的問題出現呢？

山川——當通用人工智慧實現時，首先會出現什麼問題呢？我仔細思考了一下，我覺得應該沒有什麼特別問題，因為幾乎所有的問題，在之前的人工智慧時，就可能發生了。提到人工智慧剝奪了人類工作這一個問題，這在專用人工智慧出現時，照理應該就已經剝奪不少人的工作了！雖然說社會上的工作是分工合作，但這部分其實是專用人工智慧的擅長領域。

Newton——如果在意工作被剝奪，在通用人工智慧出現前，應該就會關注到了！

山川——我以前認為如果通用人工智慧實現的話，人類的工作會很快地被取代。實際上，現在也常有人這麼說。但我想在此之前，已經有很多工作被專用人工智慧取代了。一旦通用人工智慧實現的話，就業環境的狀況應該不會有太大的改變。

Newton——那真令人意外！

山川——我認為如果人工智慧發達後，人工智慧將會和社會整體一起形成一個生態系。雖然這取決於哪種程度的處理可以稱為人工智慧，但就算現在，智能處理的裝置仍在增加中，而且還可能會不斷增加。另一方面，人類的能力也擴張了！如此一來，即形成了人類和人工智慧交織的社會。

對於人類而言，大家都能得到幸福，而且可以生存才是最重要的事情，因此要如何做才能達到目標，我們可以讓人工智慧來思考。此外，人工智慧會造成財富增加，因此我認為應該儘可能地建立適當廣泛分配的社會。只是，對於數量龐大的人們和巨量的人工智慧所形成的網路連結狀態，可能已經沒有任何人有能力

山川宏博士在排列著有關神經科學、人工智慧、程式設計等許多專門領域書籍的書櫃前，跟我們熱烈地述說他對通用人工智慧開發的熱情以及人類與人工智慧形成的未來社會樣貌。

掌握整體樣貌了！我覺得最理想的情形是讓某種程度的人擁有支配權，可以彈性控制狀況。

Newton——就是將人工智慧也納入生態系！

山川——這個生態系要能順利運作，就一定需要將利他性和倫理性加進人工智慧中。另外，今後若將人工智慧導入自動駕駛和運輸系統時，也可能會有數毫秒內發生重大交通事故的情形，然而人類卻無法應付這種狀況。人類究竟要給予人工智慧多少的自動控制權利，是個尚未解決的重要課題。這也是通用人工智慧實現前就存在的問題。

Newton——非常期待人類和人工智慧和平共存的社會到來。謝謝您接受我們的訪問。　　🪐

通過讓AI擁有意識以闡明意識的本質

正因為我們是人,所以擁有一種AI(人工智慧)所沒有的思考能力──意識。腦科學專家金井良太博士致力創造「人工意識」,投入讓AI擁有意識的研究。究竟什麼是意識呢?要怎麼讓AI具有意識呢?擁有意識的AI又可以做什麼呢?讓我們請教金井博士關於意識及AI的有趣知識。

Newton──請問您為什麼想要研究「意識」呢?

金井──我原本就對「為什麼會產生意識」這個問題很有興趣。我認為如果能了解腦部機制,應該就能闡明意識的本質。例如:「痛感」是什麼,並沒有定論。因為痛感無法用肉眼看得到,所以很難有具體的定義。雖然痛感在物理世界是沒有實體存在的,但實際上我們是真實地感覺到痛。在這種自我感覺的痛感中存在著真實的實體。為了解這種實體,我開始調查人類大腦內部。腦內的神經元具有相似的形狀和作用。而就算看到這些神經元,我們也不知道為什麼某個特定神經元運作時,就會感覺痛。

我認為將這種沒有實體的事物具體化的就是「意識」,於是我計畫透過創造人工意識來闡明意識的本質。

意識是資訊的集合體

Newton──只是研究腦的內部無法完全了解「意識」。那麼,請問您是用什麼樣的方法闡明「意識」的呢?可否具體地告訴我們?

金井──所謂「意識」就是「資訊」。我認為資訊是意識的本質,所以我將目前為止很難作為科學對象的意識視為科學問題看待。有人主張意識無法定義,所以不能視為科學的對象,但有很多科學研究,就算無法定義也能發展。因此不如說,意識的研究是尋找定義的研究。

目前在AI(人工智慧)領域,流行的技術是「深度學習」(deep learning)。這是參考大腦內部所建構出的模型,能利用電腦生成。我們無法窺視實際的大腦內部,因此我們對於腦內的哪個部分、又是如何共同運作產生結果的,完全不太了解。但是如果是機械的話,我們可以清楚觀察到它的功能和為了實現這個功能的資訊處理關係。因此我想利用這個模型推算腦內資訊是如何運作的。

Newton──您所認知的意識,是不是只有人類才有的呢?

金井──我認為所有的物體都可能具有意識,不過我們只能知道自己有意識,很難知道自己以外的人或物是不是也有意識。但是以人類來說,因為是以相同模式演化,所以會合理的認為自己並不特別,大家應該都一樣擁有意識。正因如此,於是確信人類都擁有意識。我認為動物也有意識,雖然現在的假設是意識在大腦中,但我並不認為只有大腦是比較特殊的。要闡明這些是非常困難的,但我認為沒有大腦的物體也可能擁有意識。

Newton──諸如石頭和植物也有意識嗎?

金井──例如:我們也可以想一下龍捲風有沒有可能有意識呢?事實上這是哲學性問題。

金井良太　日本Araya株式會社代表取締役、Ph.D.（Cum Laude）。專長為意識學、神經科學、人工智慧、實驗心理學等。
目前投入透過創造擁有意識的AI，闡明意識本質的研究，同時發展新一代人工智慧。除此之外，對於如何將現在的人工智慧運用
在社會課題的研究也在進行中。

因為意識是資訊的表現方式，所以這樣一來，應該先了解資訊是什麼？最先認真重視這個問題的是「資訊整合理論」（information integration theory）。

比方說，我們可以看到「紅色」，也是一種資訊的表現。資訊常以位元（bit）等數字表現，而在資訊整合理論中，也將意識視為資訊量，因此可以量化。而且在資訊整合理論中，不只可以計算「資訊的量」，也能計算「資訊的形態」，所以能將紅色的訊息以「意識的質」表現。

像這樣，嘗試將資訊以形態形式表達的數學領域就是資訊整合理論。我認為若能使用資訊整合理論闡明在腦中或AI內的訊息轉換機制，也許就能理解「看」和「聽」這些體驗在質上面的差異了。

「有資訊」意味著它必須兩種形態都要擁有，就是需要能有整體狀態以及可以分解為各種的個別狀態。石頭是一個整體，但狀態只有一種，因此我覺得石頭沒有意識。另一方面，植物或許有意識。假設它有意識，但比起人類的思維，它的意識過程太過緩慢。植物的1秒鐘，對我們而言可能就像幾千秒一樣。在資訊整合理論中也有暗示出這種時間尺度的差異。

我們在思考資訊整合理論時，就會遇到「物理法則中的『資訊』又是什麼呢？」的疑問。事實上，目前對此還不太清楚。在大腦的研究中，只能調查出哪一個神經元反應「紅色」，但卻無法回答該神經元為什麼會產生「看見紅色」的這種經驗。這種實驗，其實只不過是在外部觀察的實驗者給它一個「紅色」的識別標籤而已。而資訊整合理論提供了我們一種數學工具，可以不需設定外部觀察者，僅透過觀察腦部，就能探索為什麼特定神經元會產生這種「看見紅色」的經驗。

Newton——這是否意味著從外部觀察的資訊和腦神經元自身實際所獲得的經驗是不同的？

金井——是的。對於神經元的資訊而言，解釋者應該是神經元，所以必須在不經我們外部實驗者解釋的情況下成立。腦內每個神經元的活動具有什麼意義呢（例如代表紅色）？這只是身為觀察者的科學家從外部視點的觀察而已。

但另一方面，腦內不存在著這樣的觀察者，所以神經元本身就必須具有觀察者的功能。因此我們必須要思考不依賴外部解釋者的資訊究竟是什麼？否則將無法了解為什麼大腦會產生意識。神經元自身認識的資訊是什麼呢？這是一個非常難以理解的概念，而將此清楚數學化的就是資訊整合理論的成果。

對於大腦內的神經元而言，所謂的資訊是來自其他神經元的刺激和自己給其他神經元反應的結果。由於腦內的神經元本身無法直接看到外面的世界，而是以電刺激在接收，因此無法明白那是什麼樣的資訊。換句話說，在大腦裡，也只能看見腦內世界，無法看到外面的世界。以比喻來說，這就像根據電刺激重新構築外面世界一樣，亦即自己創造出虛擬實境（virtual reality，VR）。這種概念就像是想看到外面世界，但卻看不到，因此創造出與外面世界一樣的環境，然後生活在自己心中的小花園一樣。

在人工智慧內部創造虛擬實境

Newton——那麼，實際上要怎麼做才能創造人工意識呢？

金井——要創造人工意識，就必須考慮擁有意識的功能價值是什麼？因此需要思考有什麼是沒意識就無法解決的事。從目前所知的大腦研究結果來看，所謂的意識功能就是想像。

想像就是類似虛擬實境（VR）的感覺。虛擬實境是有個模型，這個模型是根據某些特徵或規則製造出來的。我們的意識也是一樣，會

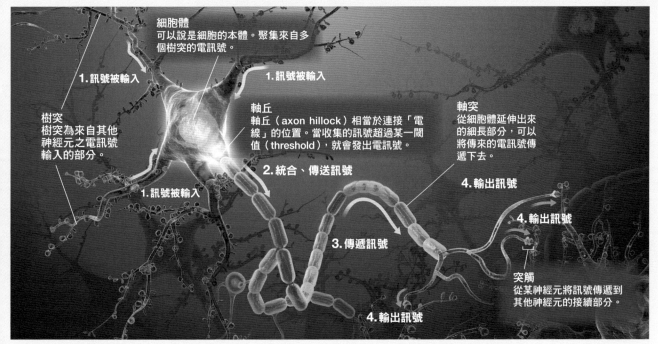

細胞體
可以說是細胞的本體。聚集來自多個樹突的電訊號。

1. 訊號被輸入

1. 訊號被輸入

樹突
樹突為來自其他神經元之電訊號輸入的部分。

軸丘
軸丘（axon hillock）相當於連接「電線」的位置。當收集的訊號超過某一閾值（threshold），就會發出電訊號。

軸突
從細胞體延伸出來的細長部分，可以將傳來的電訊號傳遞下去。

1. 訊號被輸入

2. 統合、傳送訊號

4. 輸出訊號

3. 傳遞訊號

4. 輸出訊號

突觸
從某神經元將訊號傳遞到其他神經元的接續部分。

4. 輸出訊號

腦內神經元之間傳遞訊息的示意圖。輸入到樹突（dendrites）的資訊，會以電訊號的方式傳遞到軸突（axon）。到達軸突末端後，會透過突觸（synapse），將訊息輸出給下一個神經元。重要的是要思考由神經元本身所識別的訊息，而將其以數學表示的就是資訊整合理論。

根據過去的經驗在腦中製造出模型。利用該模型，可以模擬現實中未發生的事情。也就是說很多都是只有在腦中想像而已。像是走路到車站，要走哪個路徑；或者自己在腦中與某個人對話等，這些情形都需要意識。

為了創造人工意識，就必須要會想像多種事物，也就是需要將虛擬實境帶入大腦內部。這種虛擬實境以另外一種說法表示的話，就是預測模型。我們印象中知道如果手中的杯子掉到地面，就會破碎。那是因為我們具有真實的三維空間、重力以及杯子行為的預測模型，所以能夠想像出來。

這種預測模型，不只是對外部世界，我們自己本身內在也會擁有，例如，當活動手的時候，自己本身可以看到手是如何活動的、身體內部狀態是如何產生變化的，在像這種持有自我模型（self-model）的擴展中，生成了所謂的「自我」。

Newton——感覺要創造人工意識是一件非常困難的事情，要如何證明有意識的狀態和沒意識的狀態呢？

金井——根據現在的測量技術和理論，想要嚴謹證明是非常的困難。不過在科學的領域裡，也有很多無法嚴謹證明其正確性，卻還可以為人接受的例子。例如我們都知道地球的核心區域有金屬地核，但這卻無法實際觀測。而我們會確信有金屬地核存在，是因為它吻合物理法則，並且可以根據地上可行的實驗推測出來。我們可以將可觀測範圍內建立的理論擴展，並將其適用在各種事物。就像跟這種方法一樣，我認為首先可以將資訊整合理論視為可行的理論，透過實驗判斷它是正確的或是錯誤的。

在資訊整合理論當中，以「Φ」代表意識的程度。實質上這是無法計算的，但是如果無法計算的話，便無法證明理論是正確的或錯誤的，所有的一切就變成紙上談兵，全屬空談了。

最近，利用公司成員的研究成果，我們開發出可以計算「Φ」的手法。利用這個手法，便能計算人類的「醒」或「睡」狀態、「有意識」或「無意識」狀態。也就是說我們終於能站在利用實驗證明資訊整合理論是否正確的起跑線上。結果我們即可得知資訊整合理論是否有錯

或者需要修正。理論需要不斷地考究改善，因此需要與實驗結合。

醫學領域也需要意識證明

Newton——人工意識研究有助於什麼方面？

金井——我認為如果能根據人工意識，建立可以計算有無意識的理論，即能應用在醫療上。哲學家從未思考過現實生活中意識的意義，但是意識的證明對醫療現場而言卻是格外重要。

現在手術時，要確認麻醉是否生效，乃是利用以腦波為根據的麻醉深度指標「腦電雙頻指數」（Bispectral Index，BIS）進行測量。但是這種意識水平值並不是有邏輯根據的，而是經驗法則，所以如果能加上邏輯證據的指標，應該可以成為可信賴的意識量表。

Newton——如果麻醉效果不好，那不就是在很痛的情況下接受手術。這實在太可怕了！

金井——如果能有正確預測麻醉效力的理論，我想就能很清楚地了解麻醉的狀態。其他還有像是處於類似植物狀態的植物人。長期以來一般都認為他們沒有意識，但現在已經知道在植物人患者中也有人是具有微弱意識的。

像可以透過磁振造影（MRI）一面觀察患者腦部功能，一面請他們想像「正在打網球」或是「正在房間內踱步」。患者只要想像到該行為，在腦中與這些行為相關部分的活動就會變得比較活躍。利用這個方法，就可以進行Yes／No的問答。例如詢問「姊姊在家嗎？」，如果是「Yes」，請他們想像「正在打網球」；如果是「No」，請他們想像「正在房間內踱步」。如此一來，即可通過大腦活動回答問題，也能夠得到正確的答案。如果能回答像這樣問題的人，表示之後意識恢復的可能性極高。據說有人詢問過從植物人狀態恢復的患者，他們表示在植物人狀態時，其實有很多時候是有意識的，只是我們沒有都注意到他們有

意識而已。

「好奇心」是掌握人工意識的關鍵

Newton——博士，聽說您創造人工意識的方法之一就是要讓AI有「好奇心」。這又是怎麼一回事呢？

金井——好奇心對於AI的學習非常重要。現在的AI和人類的智能很不同。人類能夠根據一個資訊去想像，然後創造出許多想法。但AI的話，就必須要事先提供大量資訊。在給予大量資訊後，AI就會嘗試所有可能，並學習最好的。然而這種試行錯誤的學習效率並不太好。

如果這裡能給AI好奇心，就能提高AI的學習效率。好奇心的建立是可以運用自己內部的虛擬實境模擬出來的。這種虛擬就是所謂的想像力。雖然還在研究階段，但我認為如果能有豐富的想像力，或許就會不自覺地產生意識。

例如下日本象棋時，在腦中我們就會有像這樣的想像場面：下一步棋這樣下的話，對手如果這樣走，我的再下個棋步就該這樣下。AI下日本象棋和圍棋時，也是使用這種探索技術（虛擬）。像日本象棋和圍棋都有一定的規則，所以只要決定好虛擬的方法，就不會有曖昧的地方。但在現實的世界，規則本身並不會有明確的說明，因此必須從經驗中學習。

我們人前往初次拜訪的街道或建築物時，如果沒有地圖，可能會想知道配置情形，於是會很有興趣地到處逛逛。由於是很有趣的體驗，所以對人類而言，就會本能地感到快樂。在探索中，如果只是相同道路來來回回走幾遍，這樣並無法掌握到整體，因此有時候會進入到從來沒有走過的小巷。假設進到小巷找到廁所，之後想上廁所時，就會變得很方便。我說讓AI擁有好奇心的好處，就是類似這種意思。

跟剛才所說的日本象棋和圍棋比較，進入從來沒有去過的小巷，就是不在自己的虛擬範圍

※1：可以對應各種課題和狀況的人工智慧。詳情請參考70～73頁、82～89頁。

內。好奇心就是去找尋和開拓不是自己虛擬範圍內的事物。

Newton——如果要擁有好奇心，我認為需要有求知慾望等，也就是需要有某種的「目的」。是不是如果不給AI目的意識，它就不會產生好奇心？

金井——對於AI而言的目的，就是類似遊戲拿高分。比較困難的地方是像那種必須通關後才開始有分數的遊戲。因為到通關前為止不會得到分數，所以AI就一直不知道自己的目標。因此重要的是要在途中給它們次目標。由於最終目標不容易達到，所以在途中就設些小目標，那就是好奇心。如果能將「知道新事物」本身作為酬賞（或稱獎勵、報酬），這樣要讓AI擁有好奇心就會簡單很多。

Newton——「知道新事物」作為酬賞，這代表什麼意思呢？

金井——這裡所謂「酬賞」的意思是指在AI的語法上設定自己本身可以得分。在一般的強化學習（reinforcement learning，RL），就是遊戲獲得高分等。目標是由AI開發者設定，而現在已經開發了許多讓它們學習如何採取行動以獲得高分的演算法。「知道新事物」本身也是可以當積分計算的。可以透過具體計算將其量化，例如可以獲得10位元的新資訊量，然後以此作為獎勵。

Newton——人的好奇心會因人而異。AI是不是也會在學習過程中，湧出不同的好奇心而跑向其他目標呢？

金井——由於程式是由人設計的，所以在某些程度上是可以調整的，但也可能是會產生個性的。例如：建構一個解決迷路的簡單程式，讓它動作，結果好奇心旺盛的AI，它會探索各種路徑，順利解決迷路問題。不過好奇心本身也是危險因子，也有可能演變成當面臨死亡狀況時，反而會因為對死後情形具有興趣而想嘗試

看看，於是就往那個方向前進。為了預防AI自殺，所以製造演算法時就必須要設限。

人類會重複利用有限的知識

Newton——請問您認為意識對達到通用AI（通用人工智慧，或稱強人工智慧）[1]的境界有什麼幫助呢？

金井——通用AI的「通用」，代表可以利用相同的機制解決多個問題。換句話說，可以重複相同智能部分，加以彈性利用。我們人類會很自然地將相同資訊應用在不同目的上。也就是說，即使目的不同時，我們也都能活用過去知識和經驗中所獲得的資訊。

Newton——這就是博士您演講中曾經提過的「知識再利用」。

金井——是的，也就是使用在各種場面已經獲得的知識。就以看到貓的圖像時為例，我們事先會大量學習，例如觸摸貓時，是什麼感覺？牠的叫聲又是怎樣？等等這些與「貓」特徵之間的關係。這是因為每個類神經網路[2]（或稱人工神經網路，neuron network）模型分別學習了「貓」標籤與視覺、聽覺、觸覺等的關係。透過這樣組合類神經網路，就會形成「貓」的概念。

這不只限於「貓」，透過許多組合，可以連結成任意輸入和任意輸出的網路。如果能在該網路中自由來去的話，這樣不管給什麼問題，也都能回答。此時，會觀察自身網路的系統——後設認知[3]（metacognition）系統，我認為就是意識。

Newton——意識非常重要，可是目前人工智慧並沒有配備後設認知系統。

金井——應該已經有人在思索了，因為這是在深度學習領域上必要的思維方式。在強化學習領域，已有對面臨「效率不佳，該怎麼辦？」的情形時，配備類似好奇心機制的方法。

※2：構成深度學習的數層階層。模擬人類腦部神經迴路所形成的系統。

※3：可以客觀地掌握和認識自己本身的想法和行為。

也有很多例子顯示，研究意識的人因為了解目前AI領域的一些事，所以反而從那裡，發現了腦及意識之間關係的新見解。像這樣的跨領域結合，可以產生出很多新研究。組合許多知識（模型），表示整合系統之意，這也與後設認知，亦即掌握和認識自我行動和狀況有關。我認為意識就是一種可將許多AI部件組合，建構成一個系統的機制。

Newton——前面有提到設限的話題。當AI具有好奇心，開始自我學習的時候，會朝哪個方向前進呢？

金井——好奇心是引發AI自我探索目標的機制（內發性動機）之一。大多數AI的學習動機都是來自於外部。所謂的外部動機就是指例如遊戲分數、食物或能量等。

為了讓AI擁有自主性（autonomy），標準做法就是要讓AI有好奇心。利用好奇心使AI擁有自主性時，也有可能會導致AI根據自發性意圖，採取人類無法想像的行動。也就是說，很有可能會做出偏離我們想像的行為。AI出於好奇心的目的，於是開始自己制定新目標。

不只好奇心，也能製造出自發動機是以增加自己未來選擇項目為目的的AI。

如果讓AI這樣，則AI本身可以成長並控制未來，這種方法稱「賦權」（empowerment）。為了讓AI擁有自主性，現在也在將這種賦權方法組裝入AI中。

Newton——原來如此！AI擁有自主性，這與人類無法控制的AI失控暴走現象是否有關？

金井——這與AI學習後要做什麼有關。如果是利用剛才所說的「賦權」，AI可以設定自己的目標來增強自己的未來，例如可以自行做賺錢之類的事情。像這種可能性當然會有，我們的目標就是製造像這樣的AI。

另一方面，我們也需要清楚了解現實現況，就是現今的AI尚未到達那種境界。其實現在的AI尚未能理解人類在做什麼，它也並不是真的了解我們人類所說的話。

Newton——您的意思是宛如在和人對話的Pepper機器人，它跟我們雖可以對話，並不是真的了解我們的語言？

金井——這雖然感覺像似在對話，但其實並不是，只是一種「反射」而已。我們想創造可以自己思考，也能自行回答的AI。即使試圖製造自發性以及對話意圖，但如果自己內部沒有一個虛擬世界，那也無法完成。因為沒有虛擬世界，就無法形成非反射性的動作。

即使不用工作或許也會有美好的未來

Newton——在各種領域，都有活用AI的技術開發，很多人都擔心AI會奪走人類的工作。

金井——工作被剝奪？我倒寧願工作被剝奪。

工作有很多面。最終來說，自己想做的事情才是工作。在這層意義上，可以說工作是不會消失的。價值是什麼呢，我認為價值是引發人類工作的動機。換句話說，就算花時間、花勞力，只要你心裡想做的，那就是價值。

現在錢之所以有價值，是因為我們生活需要錢，因此一般來說，會認為不工作不行。這代表說，錢本身對人類而言，不是內發性動機。

我認為今後有很多工作勢必被AI接收，人就不需要為了錢而工作。例如像便利商店所販賣的商品，從素材製作到加工，然後到店鋪販賣為止，所有的工程都可以被AI取代，這從技術上是可以設想到的。而人類只要免費地去便利商店拿取陳列的商品即可。以後的世界或許說不定會演變成像那樣。如果真的變這樣，那表示我們為了賺生活費而做事的需要也就沒有了。由於所有無聊的工作都被AI取代，我們不工作都可以。正因為如此，我們就可以去做我們自己想做的事情，如果是達到目前為止所說的情況，我覺得也沒什麼不好。

但是之後的問題呢？因為有可能你想做的工作也被AI取代了。就像人工智慧圍棋軟體AlphaGo（阿法圍棋）出現後，是不是還想成為職業棋士這樣的問題。就連研究學者的我們，也可能被取代。如果人類的所有活動都只是像嗜好般，那可能就沒有那麼有趣了！因為人類想做的是自己感覺有價值的事情。

Newton——人也是需要好奇心的！

金井——因為大家的想像就是每個人都像退休的老人一樣，沒有工作，整個人生就生活在自己的業餘愛好中。我認為AI取代人類工作的過程，可以分成好幾個階段。

首先是特定的工作會被剝奪。例如長程駕駛員的工作，將來勢必被AI取代。特別像美國各州，長程駕駛員占勞動者人口比例高，所以屆時可能會有些人因失去工作而煩惱。他們工作被剝奪掉後，要再找其他工作的話，可能需要一段時間。到找到工作前為止的時間，對他們來說可能非常煎熬。

但在那之後，可能會演變成大家都不用工作的社會。最後，人類的價值、只有人類會做的事情也全被侵蝕。甚至或許連發現科學的喜悅也都會被剝奪掉。科學的發展也會加快到人類無法跟上的程度。

Newton——這樣一來，不就是像有研究者預測的AI凌駕人類智能的狀態，也就是技術奇點（singularity）的到來。

金井——我認為技術奇點是有界限的，指數函數不會永遠增加。現在關於技術奇點的討論，好像只有討論馬爾薩斯人口論（Malthus's Principle of Population）中，以人口指數函數無限地增加的這部分。就像以人口來說，食材的生產等是有限度的，AI的發展也是有實際的限制。

即使出現超越人類的AI，但因為獲得新資訊和數據為止的成本，也需要花一定的時間，因

金井博士以開朗的笑容，熱情地述說讓AI擁有人工意識的這項大目標。

此不一定會像指數函數一樣不斷成長。如果數據量增加，則對照這些數據和資料，再來獲取下一個數據是需要花費時間的。我的想法是因為有物理的限制，意味著不會急速進化到人類無法介入的技術奇點程度。不過我認為在不久的將來，AI的智能很可能會超越人類的水平。

Newton——最後想請教的是博士您創造的人工意識，是要在電腦上實現呢？還是會製成實際的「形體」出現呢？

金井——這也是我困擾的地方之一，我想會先在電腦上製作。我想製作對人類有影響的東西。實際上雖然不需要形體，但如果沒有形體，大家可能不太能了解，所以我正在電腦中製作可以對人類有幫助的有形之物。雖說如此，但語言還不行，所以還無法說話。如果是動物的話，下次的話題可能就變成長得像不像等這類讓人感覺不協調的話題。因此我考慮製作出像精靈一樣的東西。

Newton——是不是類似出現在嚕嚕米（Moomins）中的「樹精」？

金井——就是那種概念！

Newton——如果具有意識的AI出現，相信將帶給社會很大的改變。謝謝您接受採訪！

（執筆：藥袋摩耶）

AI拓展了日本象棋的無限可能性

2013年日本的將棋電王戰中，日本象棋（日文稱為「將棋」）軟體在對戰中擊敗了現役職業棋士。達成這項壯舉的日本象棋軟體就是「Ponanza」。電腦為什麼可以強到能打敗職業棋士呢？就讓我們請Ponanza的開發者——山本一成工程師為我們說明有關Ponanza的開發過程。

Newton──為什麼您會想設計日本象棋（日本稱將棋）軟體呢？

山本──我開始設計日本象棋軟體是在大學時期。我當時想利用電腦做出可以讓人覺得很厲害的東西，於是我開始進行程式的設計和開發。但到底要設計什麼樣的程式呢？實際上我從孩童時期開始，就很喜歡下棋，當時也取得業餘5段的證明。

Newton──棋力相當強啊！

山本─是的。我認為如果能將自己的棋力和電腦的計算力結合在一起，應該可以開發出很厲害的日本象棋軟體，於是我花了3個月的時間設計出日本象棋軟體。

Newton──結果如何呢？

山本──結果當然很弱！在和自己設計的日本象棋軟體比賽時，我儘管面臨綁手綁腳的不利條件，但結果我還是贏了。為什麼這個日本象棋軟體這麼弱？於是我決定開始潛心研究日本象棋軟體。

將專門的技藝程序變成科學

Newton──棋力那麼強的老師，為什麼所設計出來的日本象棋軟體會那麼弱呢？

山本──簡單地說，這是因為要如何下棋才會變強的這種下棋訣竅，無法寫入程式之故。

我們看見杯子時，馬上就知道它是杯子，但我們卻無法說明為什麼我們知道它是杯子。道理一樣，我和日本象棋棋士在下日本象棋時，也無法說明為什麼要下那一步。通常棋力越強的人，越無法說明，所以才會被稱為專門技藝。像這樣，如果無法正面說明，就不能寫入程式中。

Newton──那麼日本象棋軟體是如何學習下棋的呢？

山本──將職業棋士留下的棋譜作為軟體下棋的範本。程式設計師會盡量調整到和該範本棋譜一樣的棋步。但是這個作業非常辛苦，因為必須由程式設計師手動作業，況且還是專門技藝，所以無論怎麼努力也是有一定限度的。

Newton──如果日本象棋是專門技藝的話，那麼程式設計也應該是專門技藝。

山本──在距今約10年前，保木邦仁老師開發了名為「Bonanza」的日本象棋軟體。在當時，對我們這些電腦日本象棋的程式設計師們而言，這是個又酷又厲害的軟體。

Newton──您是指關於哪部分呢？

山本──這也是將「機器學習」（machine learning）技術應用在日本象棋軟體等實用軟體上的首例。所謂的機器學習就是給軟體一個範本，以日本象棋來說，就是職業棋士的棋譜等，然後讓電腦用自己的能力去探索出範本特徵的一種學習方法。這裡的重點就是「自己的能力」，也就是為了達到正解而進行的程式調整，不依賴人手，而是由程式自行進行。

山本一成　日本愛知學院大學特聘副教授。HEROZ株式會社工程師。日本東京大學綜合文化研究科碩士課程修畢，專業領域為人工智慧。現在的研究題目是日本象棋軟體，為日本象棋軟體『Ponanza』的開發者。2015年及2016年世界電腦將棋選手權第一名，2013年、2015年及2016年將棋電王戰中，獲得冠軍。在2017年的將棋電王戰中，擊敗日本象棋名人佐藤天彥，取得優勝。著作有《人工智慧要如何超越「名人」？》。

原本利用人力調整的話，需要花費數年的時間，但用這種方法只需要數日即可完成，而這種方式也讓日本象棋軟體越發變強。在當時，早已知道機器學習這項技術，但一般認為要將它導入到日本象棋軟體中難度很大，所以都認為不可能。

Newton──這是劃時代的軟體！順帶請教一下，為什麼您所開發的「Ponanza」和保木老師開發的「Bonanza」，名字很像呢？

山本──那是因為Bonanza是一個非常屬害的軟體，為了表達敬意所以取了類似的名字。我詢問保木老師：「我可以沿用這個軟體名稱嗎？」，他回答我「可以啊！但在電腦日本象棋大會中，務必要取得優勝」。我們有承繼到Bonanza的技術部分，不過，最重要的還是思想。

Newton──思想嗎？

山本──就是一種製作程式的設計思想。Bonanz的設計思想是「儘可能交給機器完成」。這對於電腦日本象棋而言是強烈的思想。這也是Bonanza屬害的地方。

我認為科學可使任何人再現唯有名人才擁有的技藝，而這正是其價值所在之處。Bonanza將以前被認為是專門技藝的程式調整交給了機器，讓它成為任何人都可以處理的東西。正因如此，Bonanza自己被之後出現的其他日本象棋軟體所取代而消失了！但我認為保木老師對此感到榮幸。

發現到人類沒有想到的新手法

Newton──也就是說以Bonanza的開發為契機，日本象棋軟體開始採用機器學習，因此也變得越來越強。

山本──是的。因為無論如何都想要勝過職業棋士，所以需要更大幅度的革命。因此這裡引進了「強化學習」（reinforcement learning，RL）。

Newton──什麼是強化學習呢？

山本──在此之前的日本象棋軟體都是以職業棋士的棋譜為範本，學習可以戰勝的方法。但是到現在為止，不管花了多久時間，都無法超越作為榜樣的職業棋手。因此，我決定不依賴職業棋士的棋譜，而是讓Ponanza自己彼此對弈。

在對弈當中，會有好棋步，也會有下錯的棋步。於是我將總共8000億局面的數據作為訓練輸入到Ponanza中，結果它變得出奇屬害。對人類而言，要下8000億局面的日本象棋是不太可能的。換句話說，由於它可以超越人類所累積的經驗值，因此Ponanza和其他的日本象棋軟體變得強到能戰勝職業棋手。

Newton──Ponanza在2013年的將棋電王戰中，達成首次戰勝現役職業棋士的壯舉。此時，會場是什麼情景呢？

山本──感覺像變成喪禮一般。這是因為至今為止都認為職業棋士一定是最強的，而這個神話卻在這次崩潰了！

2010年左右，日本象棋軟體已達到人類的業餘水準。此時，有位職業棋士表示「電腦終於也到了這個水平，但是要達到職業棋手的水準，還需要50年吧！」雖然預測落空，但卻是合理的想法。因為如果一般人要達到業餘水準的話，需要花費一段頗長的時間。再從業餘水準要達到頂級的職業棋士，所要花費的時間會更多。而電腦是以指數函數成長，但人類卻不是以指數函數成長，所以，自然就很難掌握這種感覺。

Newton──這意思感覺就是日本象棋軟體是

在2017年舉辦的將棋電王戰中，Ponanza（左）與日本象棋名人佐藤天彥（右）對弈的景象。Ponanza如果決定好下一步棋，就會使用雙臂在棋盤上移動棋子。穿著和服的山本工程師坐在Ponanza後方，等待對弈的開始。

以出乎意料的速度在成長，但人類卻無法接受它的厲害程度。

山本──然而2014年的電王戰中，職業棋士敗給了Ponanza，這時的氛圍變成了「唉，沒辦法啊！」。我認為這是因為我們已經逐漸習慣人類無法戰勝電腦的事實。在2017年，Ponanza戰勝日本象棋名人時，大家早就認為日本象棋軟體會獲勝了。

Newton──大家的想法有很大的改變了！強化學習的影響真大。

山本──也曾經有人說過，日本象棋軟體無法採用這種強化學習。我認為應該是他們不喜歡吧！設計日本象棋程式時，變得不需要職業棋士的棋譜這件事，這對喜歡日本象棋職業選手的程式設計師們而言有點不能接受。他們即使希望日本象棋軟體可以超越職業棋士，但討厭日本象棋軟體在不需要職業棋士下就能成立。據說有很多人有這種想法。

Newton──原來有過這種兩難的窘境！

山本──只是嘗試之後才發現，多虧強化學習，才讓我發現了很多新戰術。此外，也有例子顯示，在此之前被認為不好的棋步，實際上卻是妙棋。諸如此類的事情如泉水般湧現，可以說打破了日本象棋界的閉塞狀態。

我認為這是因為在日本象棋軟體中，沒有人類常會帶有的偏見，所以才會有這樣的發現。啊，太好了！因為過去我認為日本象棋的「棋海」還很深，但現在已經是職業棋士開始學習日本象棋軟體棋步在下棋的時代了！

Newton──感覺似乎日本象棋的可能性更為寬廣了！現在的小孩可以利用日本象棋軟體來學習日本象棋，很期待看到他們以後成為職業棋士。

日本象棋軟體是「黑魔法」？

Newton──在日本象棋的對弈中，要預測之後局面的發展。日本象棋軟體是不是比人更能深入預測之後的走向呢？

山本──我認為日本象棋可以預測未來走向，這一點非常有趣。不管是日本象棋或者其他的什麼都好，只要能夠正確預測出未來的，都是強者。

以電腦來說，只要花2倍時間思考就可以預測出最佳棋步。讓思考時間多2倍即可預測最佳棋步的Ponanza和普通的Ponanza彼此對弈的話，思考時間多2倍的Ponanza，勝率達八成。由於不是100％，因此也不能說可以執行最佳預測者一定可以正確預測未來，不過只要能比其他者多一點這種預測未來的能力，就會變得相當強大。順帶說明一下，即使花費2倍時間，也只能預測到1個棋招，換句話說，如果要進行最佳預測需要指數級增長的能量。

Newton──據說一般日本象棋一個局面平均有80種走法，所以有可能為了深入預測1個棋步而花80倍的時間嗎？

山本──在設計日本象棋進行深入預測的同時，也會讓它不要做多餘的棋步預測。這就是剪枝（pruning）技術。利用這種方法，能將80倍的時間壓縮在2倍內。可以想像成這就和我們將多餘的樹枝剪裁掉的道理一樣。

只是現在所使用的剪枝方法，有時候剪裁過多，結果雖然省了時間，但卻常出現結果與應有的原本結果不一樣的情形。以前為了不改變結果，會進行安全剪裁，但剪裁的分支量仍然太少，於是現在就不管結果有沒有改變，盡量進行剪裁。

Newton──這樣不會有問題嗎？

山本──日本象棋軟體是很厲害的！我們並不判斷使用的剪裁是不是安全，而是判定最終這些剪裁是否具有能增強日本象棋軟體的價值。有採用剪裁技術的Ponanza和沒有採用這個技術的Ponanza對弈，只要能提高一定的勝率就

算合格。

這個時候，我並不經由Ponanza對弈的展開或剪裁的安全性來判斷該採用的技術。而是即使什麼都不知道，但只要能讓程式變強，我覺得這樣就好了！我只關心要讓日本象棋軟體變強，為了讓它變強，我會做許多嘗試，但為什麼這個會讓它變強，我並不知道。有時候試了100次，偶爾只有2次改良成功。

Newton──連身為開發者的老師都不清楚？

山本──是的！回顧歷史，不管是為了救人生命等某種目的而開發的技術，有時候在解釋性方面，所謂的解釋性也就是為什麼原因而會變成這樣的理由，屢屢會被放棄，因為那未必很重要。

現在為了讓日本象棋軟體可以變強，所以放棄了解釋性。這是在其他AI中也會產生的現象。由於過分追求性能，而放棄解釋性，這也算是一個大問題，在AI界稱此為「黑魔法」。已經到達了不這樣做，就無法順利展開的時代了。日本象棋軟體就在連開發者本身的我，都不知道理由的狀況下，逐漸進化。

Newton──真的是不可思議的事！

山本──不過回顧歷史，這是常有的事情。只是AI黑魔法比較有趣之處，在於它並不是原本自然就存在的，而是在人類本身了解理論下所創造出來的電腦中發生的。

人類可以在日本象棋中找到故事

Newton──那麼相反的，有沒有什麼是日本象棋軟體比人類棋士不擅長的事呢？

山本──粗略地說，不論日本象棋或圍棋都是能夠精確看穿未來者，會比較強大。日本象棋軟體具有比人類更強的看穿力，但人類有時會比日本象棋軟體更能正確預測未來。這是因為

人類可以從日本象棋的對弈中找到「故事」。

Newton——故事嗎？

山本——是的！職業棋士在對弈中，常會說：「能夠下到現在，如此令人心情愉快的好局面，我應該是贏了！」也就是說人類可以從日本象棋盤，這種記號羅列中找到故事。意即在下棋時，它可以找出其中的含意。

另一方面，由於日本象棋軟體單純地過度解讀盤面，所以無法很好地從融入故事中去思考。不過它也有它的強處，因此反過來可以找到新的走法。

Newton——也就是說棋士有棋士的強處，日本象棋軟體有日本象棋軟體的厲害地方。

山本工程師對我們說明自己開發的將棋（日本象棋）程式「Ponanza」。在採訪前兩天，Ponanza即在藤井四段（藤井聰太）擊敗羽生龍王（羽生善治）的第11屆朝日杯，進行即時勝率預測。

深度學習引發了圍棋軟體的革命

Newton——以前大家說黑白棋（又稱翻轉棋）、西洋棋和日本象棋等軟體可以勝過人類的棋士，但圍棋軟體要勝過人類棋士就有難度了。因為一個圍棋局面，可以考慮的棋步非常多，所以連軟體都是處於苦戰局面？

山本——與日本象棋的盤面相比，圍棋可以放置的盤面範圍大，棋步也比較多，這是不爭的事實。所以對於身為圍棋軟體對手的人類而言，棋步特別多的圍棋其實也是很難的。比起西洋棋和黑白棋的「棋海」，日本象棋的「棋海」比較深，但圍棋的「棋海」又比日本象棋深。只不過人類專家可以潛入的「棋海」深度，對軟體來說並不是什麼問題。會成為問題的是評估盤面優劣狀態的方法是不是程式能計算的方法。

Newton——日本象棋的話，程式可以透過計算棋子位置等來進行盤面評估。

山本——圍棋和日本象棋不同，幾乎沒有程式可以直接評估棋盤的方法。然而在2016年

DeepMind公司所開發的「AlphaGo」（阿法圍棋）引起了圍棋革命。AlphaGo相較其他圍棋軟體，顯示99％的勝率，它也戰勝過職業棋士，尤其它用的是我們從來沒有見過的打法。

Newton——為什麼AlphaGo可以這麼強？

山本——AlphaGo最大的成功是它使用了「深度學習」（deep learning）技術。它同時使用了深度學習和強化學習這兩種技術。

深度學習是一種很厲害的技術，也可以應用在語音辨識和翻譯上，但使用最多的領域是影像辨識，可以說已經超越人類的辨識能力。深度學習把19×19的圍棋盤面視為黑白圖像處理，並轉用在圍棋上。我不知道有這麼成功的轉用例子。

Newton——最初想到這個方法的人實在非常厲害！

山本——同時間有很多人都發現到深度學習比較適合圍棋，只是具有一流專家和龐大電腦資源的DeepMind公司最先達成。AlphaGo就是

使用這種盤面識別技術和強化學習，找到在各個局面的勝率和下一步的走法。

Newton——知道AlphaGo後，你有感覺它不同於之前的日本象棋軟體嗎？

山本——完全不一樣！AlphaGo是使用深度學習方法。剛開始時，AlphaGo也是參考既存的棋譜資料，或者是混合既有的程式。這裡所謂的混合（hybrid）是一種集合不同程式，再採取多數決，導出結論的方法。在AI世界中，為了提高性能，所以常會使用這種方法。

然而隨著深度學習和強化學習等技術的逐漸發展，已經完全不需要棋士的棋譜資料。再加上既有的程式也跟不上深度學習，於是除了深度學習和強化學習外，其他手法都消失了，進而提升高了技術純度。

Newton——因為深度學習和強化學習的技術實在太強了，所以就不需要其他手法了！

山本——是的。這就像只要一台鋼琴就可以形成管弦樂團的感覺。

Newton——原來如此！

山本——事實上，我曾經也想把深度學習技術用在日本象棋軟體上，但是實在難度太高了！圍棋規則很簡單，但日本象棋規則是每顆棋子的走法都不一樣，所以比較複雜。所以我一直煩惱怎麼教日本象棋規則。

結局就是我決定不教了！於是之後將5億局面的資料交給導入深度學習的Ponanza，讓它將這些作為圖像學習，結果Ponanza竟然開始可以根據規則下出好棋，讓我嚇了一大跳。感覺就像小孩子一樣。在從小學習圍棋或日本象棋的小孩中，有些領悟性比較強的孩子，即使剛開始時，你不教導他規則，但他只要在旁邊觀看大人下棋，就會不知不覺中記住規則。

Newton——深度學習的可能性真是深不可測啊！

程式越簡單越美

Newton——在2017年，DeepMind公司所開發的遊戲軟體——AlphaZero，在短時間內贏過西洋棋、日本象棋、圍棋等數種既存軟體。在知道AlphaZero登場時，您的感想是什麼？

山本——嗯……覺得就是個用計算機來修理人的傢伙！所謂用計算機修理人的意思就是「利用計算機的能力嘗試全力擊敗對手」。AlphaZero讓我非常驚訝，沒想到它居然會下日本象棋！（笑）我想他們應該也讓AlphaZero下黑白棋，不過可能不夠強，或許使用的是先前既有的方法也說不定。AlphaZero用的是「香草」。

Newton——香草？

山本——這裡的香草是指香草軟體（Vanilla Software），亦即由原作者發布時未經改動或客製化的版本，也就是說結構簡潔。用如此簡潔的既有方法而可以強到這種境界，表示還有變得更強的空間。令人感到震驚的是它可以既簡潔又那麼強大。程式並不是專家技藝，像香草這樣就很好、很美，因此AlphaZero就是美的化身。

Newton——您認為今後棋盤遊戲的程式可能會強到何種程度？

山本——前面我也有提過，棋盤遊戲中，以圍棋的「棋海」最深。至於可以強到什麼程度，會根據「海」的深度而改變。對於任何一種棋盤遊戲，人類都是處於淺灘。Ponanza雖然可以比人類潛到更深的棋海裡，但畢竟還是無法完全望遍整個棋海。如果只是擁有可以擊敗專家棋士的程度，那想要潛到棋海的深處是不可能的。

山本工程師在所屬的HEROZ株式會社辦公室中，一面下棋，一面和同事就日本象棋軟體展開辯論。

不過，我認為今後圍棋軟體一定會越來越強，或許不出 5 年內，就會出現一個強到連AlphaGo都望塵莫及的軟體。只是棋盤遊戲軟體要打倒人類的當初目的也就終結了！

Newton——請教您今後想致力於什麼樣的研究呢？

山本——我想使無法計算的事物變成可計算，而這也是本世紀AI的課題。具體而言，就是把人類的信賴和熱情等化為可計算的形式。為什麼我會說信賴和熱情呢？因為現今社會上這兩者都不足，而且這兩者就算再多，也不會令人困擾。

Newton——就AI而言，您認為今後將會演變成什麼樣的時代呢？

山本——我認為將來會發生「AI革命」。科學是因為人類的智能才會發展起來，而將智能本身變為科學是人類史上的第一遭，可以說是非常厲害的一件事。

在英國工業革命時，發明了紡紗機，人類開始注意工廠管理和配備，勞工感到憤怒而開始毀壞紡紗機（盧德運動）。我認為像這種盧德運動（Luddite Movement）也可能會發生在現代。

Newton——這怎麼說？

山本——我認為在盧德運動中，勞工們不是只有對薪資的低廉感到不滿，應該還包含對於自己本身引以為傲的勞力被剝奪的氣憤。現代人類可以驕傲的就是智能，正因為引以為傲的智能即可能被奪走，所以人類很害怕AI。

但是，價值觀改變了，「擁有接受現實多變的能力」非常重要。我覺得現在宛如明治維新的時代，當時大多數生活在那個時代的人們，都會感到不安，但之後再回顧，會覺得那個時代充滿了動力和能量。而現在的年輕人也將有很大的機會可以改變世界。

Newton——非常期待今後時代的發展！也謝謝您接受我們的訪問。　　　　　　🪐

「機器人可以加入人類的閒聊中嗎？」闡明人類的交談規則

「機器人可以加入人類的閒聊中嗎？」——這個聞名計畫的研究領導人就是日本情報學研究所的坊農真弓博士。我們一般認為很平常的會話，實際上內藏著複雜的規則，因此要讓機器人加入我們的交談中，其實非常困難。交談對話中究竟蘊藏著什麼樣的規則呢？又要如何進行分析呢？能與機器人閒聊的時代會到來嗎？讓我們來請教坊農博士關於這方面的問題。

Newton——坊農老師是專門研究傳播溝通，能否告訴我們，選擇現在這個題目做研究對象的歷程呢？

坊農——我原本專精的就是語言學。在語言學中，有很多關於如何認知腦中語言、如何輸出等的認知科學方法研究。這些成果現在也運用在AI（人工智慧）的自然語言處理上。

Newton——利用語音操控智慧型手機或與交談機器人對話的技術現在已經實用化了！

坊農——這些都是1對1的形式，換句話說是只有2個人的對話。然而實際生活中，3人以上對話的機會非常多。此時，如果使用2人的對話理論（dialogue theory），就可能會發生預期外的情況。

例如：3個人在交談，當某個人問問題時，就必須考慮到那個問題是在詢問哪個對象。此外像似4人交談時，有時也會發生不知不覺變成2組的情況。

有關於3個人以上的交談，社會學家高夫曼（Erving Goffman）提出了「參與框架」（participation framework）的看法。根據以往語言學為基礎的對話理論，只考慮到發話者和受話者兩個角色。但是高夫曼認為「受話者應該有層級性的」，指出受話者應該有多種角色。

代表例子就是直接與發話者對話的「受話者」以及沒有與發話者直接對話，但有在聽發話者說話的「旁聽者」。對話的情況會根據聽話人的角色是受話者還是旁聽者而有很大的變化。我現在就是專門研究3個人以上對話時的規則。

Newton——對話中的規則，除了語言外，還有其他的嗎？

坊農——我們在與人對話時，視線或是身體方向，還有手勢交雜等情況，都是很自然的在進行。但實際上對於對話而言，這些都具有很大的影響力。像這類的非語言傳達手段也是研究的對象。

Newton——坊農博士會對研究對話溝通產生興趣的原因是什麼？

坊農——或許跟我是雙胞胎有關，因為從出生起，我就是處在對話狀態下。雙胞胎嬰兒之間，會形成一種獨自特有的溝通傳達方式。例如，有時候我們可以看到他們會輪流發出聲

坊農真弓 日本國立情報學研究所數位內容和媒體科學研究部副教授，日本綜合研究大學院大學複合科學研究科副教授，博士（學術），專長為傳播溝通科學，現在的研究題目有手語相互行為研究、人機互動設計。著作有《關於日語會話中語言及非語言表現的動態結構研究》、《人工智慧學大辭典》（合著）以及《雜談的美學》（合著）等。

音。這稱為「雙胞胎語」（twinese）。在動畫投稿網站，常會刊登雙胞胎的動態影像。我們可以看到這些雙胞胎嬰兒，即使不懂語言，好像還是可以交談。

除此之外，我們也可以看到就算是大人間的溝通交談，有時也會比手畫腳或者有視線交會等的眼神交集。從嬰兒時期起，我們之所以就會這種對話溝通是因為對話溝通是我們與生俱來的本性和本能。正因為這些緣故，所以我對溝通交談中的會話機制產生了興趣。

從會話中闡明人類的社會性

Newton——坊農博士現在是「機器人可以加入人類的閒聊中嗎？」這個計畫（簡稱「井戶機器人計畫」）的研究領導人。這是一個什麼樣的計畫呢？

坊農——井戶機器人計畫是一個嘗試透過會話，闡明人類社會性的計畫。這個計畫網羅了各種不同種類的研究人員參與，包含有：分析語詞的語言學專家、分析身體動態資訊的資訊工程學專家以及實際製造對話機器人的機器人工程師等。我們計畫以科學方式捕捉這種對話溝通的面貌，由多方面闡明人類的社會性。

Newton——計畫開始的契機是什麼？

坊農——是2011年情報學研究所新井紀子教授主導的「機器人可否考上東京大學？」（暱稱「東大機器人小子」）計畫的開始讓我有了想法。東大機器人小子原本的目標是「2016年度為止的入學考試得高分，2021年度通過東京大學入學考試」，嘗試從機器人的觀點來闡明人類的智能。

因為東大機器人小子計畫，讓我也想到是不是應該也要有從機器人觀點闡明人類社會性的研究呢？當然我們需要追求智能，但支持人類社會的是像閒聊那樣的對話溝通。我認為如果可以從智能和社會性這兩個反向面同時著手，人工智慧的開發會變得更有趣。東大機器人小

子計畫一開始後，我就提出「機器人進東大很辛苦，但是進入人類的閒聊對話中更辛苦」的想法，於是，在2012年開始了這個井戶機器人計畫。

Newton——有趣的是這個計畫的名字中出現了「井戶端會議」一詞（日文「井戶端會議」是指古時婦女聚在井邊閒聊）。您是什麼時候想到要將「井戶端會議」一詞納入計畫名稱中的呢？

坊農——到底是什麼時候啊！或許是因為我當時有個1歲女兒，平常常會和附近的媽媽們聊天，所以不經意想到這個詞。像這種閒聊式的對話，由於說時不用擔心被誤解，所以對話的內容常是不連貫的，因此往往有些研究者對此持以負面（否定）的看法。於是我就反其道而行，將它列入計畫名稱中。

Newton——您說持以負面的看法，請問這是指什麼呢？

坊農——語言學或者對話溝通的研究者，他們在「收集會話的數據」時，很多人就會像公司開會時一樣，先由指定的參加者井井有條的說明，最後再推斷出明確的答案。這是因為他們想了解達到答案之前的整個過程。

相對於此，站立式閒聊中的對話並不是將答案作為目標，因此的確會形成不連續的對話。但是在我們日常對話中，也常有說完內容後就直接結束對話的情形，還有要加入對談或者離開對談也是很自由的。井戶機器人計畫的目的就是要以科學方式闡明像這種內容和加入離開都自由的閒聊對話所產生的資訊訊息，並且找出它的規則。

Newton——如果井戶機器人計畫進展順利的話，是不是即能弄清楚對話中的規則？

坊農——是的。我想幾乎每個人都應該有過輕鬆暢談或者交談尷尬的經驗。我打算從理論上闡明它。我認為這個研究成果，可以幫助平常與人交流溝通感到困難的人，而從中了解對話

東大機器人小子計畫與井戶機器人計畫的比較

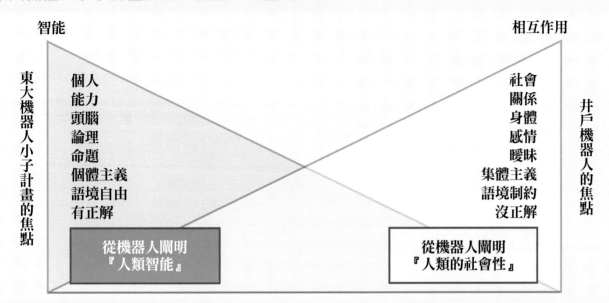

上圖比較了日本情報學研究所新井紀子博士領導的「東大機器人小子計畫」（2016年計畫結束）以及坊農博士領導的「井戶機器人計畫」。從圖中，可以清楚了解兩者所研究的項目之不同。「東大機器人小子計畫」係透過研究AI回答問題的方法來闡明人類的智能；而「井戶機器人計畫」則是透過研究AI參與對話的方法來闡明人類的社會性。

規則。

Newton——是否有打算製造參與聊天聚會的機器人呢？

坊農——我本身不製造機器人的。我也不認為現在機器人可以馬上加入閒聊聚會中。不過在共同研發者中，已有人將計畫中取得的數據裝載到機器人中，驗證聊天機器人的可行性。

觀察機器人劇場中的對話位置和行為模式

Newton——可否請教有關對話分析的方法？

坊農——在一般站著閒聊交談的聚會中，蘊含著一個重要概念，這是由美國賓州大學手勢專家肯登（Adam Kendon）博士所提出的「F陣型」（F-formation）。F是從Facing（面對面之意）來的，這是肯登博士根據多數人所站的位置和身體方向所形成的空間而提出來的概念。

在F陣型中首先考慮到的就是自己擁有的空間，這稱為「操作領域」。

Newton——在這裡的操作領域是不是類似正面的勢力範圍之意？

坊農——是可以這麼想的。例如在家裡看電視時，在那個人前面就形成了一個操作領域。如果有人要從電視機前面通過時，一般都會先說「對不起！」。這是因為如果侵入別人的操作領域時，通常都會「事先通知」之故。

如果是閒聊聚會的情況，多數人的操作領域會重疊。我們將重疊的中央區域稱為「O空間」，站在O空間外側的人所站的區域稱為「P空間」。

那麼，假設有新來的人想要加入的話，則這個人所在的空間就稱為「R空間」[※1]。在R空間時，雖然可以聽到對話內容，但卻無法參與對話。但若因為某種理由，新來的人接近到O空間或P空間時，就能進入到P空間領域，即可參與對話。

Newton——可以接近O空間或P空間的條件是什麼呢？

坊農——例如發話者的某位剛好視線朝向外側，發現新來的人時就是一個加入契機。

像這樣是否可以加入對話，不是由一個人決定的，而是根據大家所站的位置和行為舉動來

※1：O的由來是「orientation」（方向、姿勢）；P的由來是「position」（位置）；R的由來是「reaching」（到達）。

決定。我們在站立的閒聊聚會中，身體會感覺自然的原因就是因為其中存在著F陣型規則之緣故。

F陣型會因人們站立的位置和行為而有所變化。當有一個人加入對話，或者有一個人離開對話，都會讓F陣型發生很大的變化。我們收集了實際對話場面，從中分析是否可以利用F陣型規則來說明每個人的行為舉動。

Newton——要如何收集對話的場面呢？

坊農——可以錄下日常生活的對話，而我所分析的對象是有機器人參與演出的戲劇。這是由身為劇作家和導演的平田織佐先生所導演的戲劇，在戲劇中會出現由大阪大學機器人研究者石黑浩博士所開發的類人形機器人（android）。類人形機器人的演技，主要是透過劇場員工適時配合劇情，遠距離操控預先錄好的聲音以及內藏程式的身體來完成。這個類人形機器人也能乘坐輪椅移動。

我從《三姊妹》這部戲開始排練到最後總彩排[※2]為止，有平田先生同席的全部排練場景都錄影下來，之後對登場人物的站立位置和行為進行分析。全部錄影時間約達160個小時。

Newton——為什麼要以機器人戲劇作為分析對象呢？

坊農——我在2011年的某個研究會中，發表有關溝通傳播研究時，石黑博士對我說：「你想做的事情全部在平田先生的腦袋中，請把它實現出來！」這是我會以機器人戲劇作為分析對象的契機。平田先生是位主張以日本語自然對話為主的現代口語戲劇提倡者。換句話說，我想石黑博士要表達的是在平田先生的腦袋中存在著人類的對話模型。

日常對話是一次性現象，幾乎不可能再現，而戲劇排練，卻是相同的場景要反覆多次排練。根據平田先生的指導和演員的想法，演員的站立位置、說話時間點以及視線方向，都會隨著每次排練而改變，這是為了在正式演出前

可以探索出最佳演技。也就是說，可以在同一個場景收集大量數據，進行比較。

此外，在機器人戲劇中，類人形機器人會加入到人類的對話中。我當時就想這樣我不只能分析人與人之間的對話，還可以分析人和機器人在待人接物上的差異。

Newton——從分析中了解什麼了呢？

坊農——在《三姊妹》這齣戲的設定安排是長女和次女都是人，而三女是類人形機器人。他們站立位置的調配剛好可以用F陣型的觀點說明。光是某個場景，包含正式演出在內，我總共記錄了32次。

練習的第一次（take 1）時，次女從長女和類人形機器人所站位置的外側對他們說話。這時次女是位在R空間的位置，從F陣型的觀點來看，稍微相距有點遠。但是在take 2時，次女會走近長女，形成次女進入到長女和類人形機器人之間的狀態。在這裡，長女和次女之間就形成了新的O空間，而長女和類人形機器人之間的原有O空間就會消失。結果身為三女的類人形機器人被從對話中排除，展開的是長女和次女之間的對話。

當然演員們並不了解F陣型理論，但在考慮會話時的自然舉止結果下，發現用F陣型解釋的站立位置是最佳的。

另外，在take17以後，次女逐漸接近長女，於是她從類人形機器人前面通過。一般如果對手是人的話，因為侵入別人的操作領域，照理我們事先都會說「對不起！」後才通過。但是在這個場景，次女卻只是輕瞥一眼，就直接從類人形機器人前面通過。在劇中，類人形機器人明明扮演的是三女，為家族的一員，但看起來它卻像似一個無關的存在者。

Newton——聽完您的分析結果，是不是代表您認為要讓機器人和人類一樣同等參加閒聊聚會，會有難度？

坊農——是的！雖然很難單從一例判斷，但不

　※2：在正式演出前，在舞台上按正式演出標準所進行的排練。

決定是否能參與對話的「F陣型」

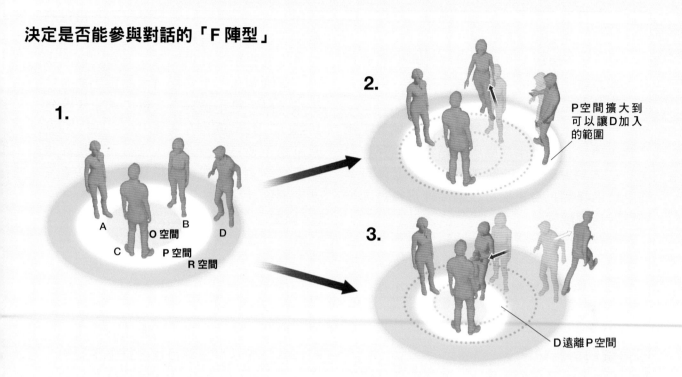

1.

2.

P空間擴大到
可以讓D加入
的範圍

3.

D遠離P空間

A B C O空間 D P空間 R空間

（1）A、B、C三個人正在交談。3人操作領域重疊的地方稱為O空間（水藍色空間），正在對話的人所站的位置稱為P空間（黃色空間），新加入對話的D所站的空間稱為R空間（黃綠色空間）。（2）當B注意到D存在時開始移動，這時D所站的空間就會變成P空間，D也能加入對話。（3）但是如果B進入O空間，D就會變成遠離P空間，D在判斷無法加入對話下離去。

是人跟機器人共同演出的戲劇會比較沒有違和感也是事實，而這個事實也反應出機器人和人類的未來仍有難題存在。

　　其他的例子還有《森林深處》，這齣機器人戲劇集合了4個人和2個機器人，有個場景是分成2組，以不同的內容各自對話。理論上未來的機器人可以使用麥克風，聽取所有的對話聲音，但如果要讓它們回應所有的對話，這在一般站立式聊天聚會場面，就會顯得不自然。要從F陣型的站立位置和對話內容來判斷機器人應該要參與哪個對話，這一點目前還需要更高度的處理技術。

　　我雖然是井戶機器人計畫的研究領導人，但實際上我自己心裡也有疑問：機器人真的能參加閒聊聚會嗎？這是因為人類的平日對話真的非常複雜！

科學館的解說員是如何與來館者互動的呢

Newton──除了機器人劇場外，還有什麼可以作為分析對象呢？

坊農──另外，我也拍攝了日本科學未來館（東京都江東區）的科學傳播員（science communicator）[3]在對來館者進行展示內容解說時的情形，並和對機器人戲劇一樣，進行同樣的分析。科學傳播員透過自身擁有的經驗和方法，以非常自然的方式介紹展示物。事實上經過分析，可以發現經驗豐富的科學傳播員和新進的科學傳播員，兩者的行為方法會有所差異。

　　另外，來館者並不是以旅遊團心態在參觀，也會感興趣地與科學傳播員對話，所以來館者有時成為發話者，兩者形成對話有來有往的情形。雖然它並不像閒聊聚會一樣可以自由進行

※3：在展示廳對來館參觀者進行解說和示範、以及有時與研究者一起企劃活動的職員。

對話，但可以作為前一段的對話模型之用，從中分析對話內容和舉動行為。

Newton——像日本未來館這樣的科學館有很多人都是親子同行的。有沒有不是只針對成人的對話特徵呢？

坊農——科學傳播員有時為了要能與兒童視線交會，所以會蹲下來說話。這是為了向兒童發送「加入對話吧！」的訊號。F陣型從來只有注意橫向移動，看來對於視線高度這種縱向移動應該也要關注。

在井戶機器人計畫中的共同研究者中，也有人根據這項發現，將它導入在科學館解說展示物的博物館導覽機器人（museum guide robot）中。

如何識別對話句尾？

Newton——除了F陣型外，還有沒有什麼想分析的呢？

坊農——切換發話者時的句尾識別。不只是言辭，我也想進行包含視線朝向他人時的身體動作行為等的多模態分析（multimodal analysis）。

美國梅隆大學的的謝卡（Yaser Sheikh）副教授等人，在2017年時開發出可以分析身體動作的新方法，這是一個名為「OpenPose」的軟體。運用OpenPose的話，可以不需要將感測器裝在受測者身上，它是利用深度學習的手法，讓臉、眼睛、甚至每根手指的骨骼都可以在影像中呈現。我想利用這種軟體，調查骨骼動作和句尾之間的關係。

在談話時，我們很自然地就會判斷什麼時候是發話的最佳時機，也就是說，我們可以識別句尾。但是實際上不只語言，我們會根據包含身體動作在內的多個要素進行判斷，看這個時機是不是要換人發話。換句話說，我們在對話時，自然就會判斷是不是到了句尾。但對機器而言，要達到這種處理境界非常困難。

Newton——確實如此！像我們利用電腦或智慧型手機進行語音輸入時，它也不會在句尾或句子中間自動幫我們輸入句號或逗號等標點符號。要識別是不是句尾，真的很困難！以分析手法來說，是不是只有大量分析影像的方法？

坊農——我最近也在考慮其他方法。我在思考是不是不要只有我一個人去分析這麼多場景，而是讓許多人去看一個場景後，給予意見和看法。然後以問卷的形式彙整後納入參考。

Newton——具體的做法呢？

坊農——讓他們看對話場景的影像，然後請他們回答哪裡是句尾。這可以透過網路大量使用者的力量來完成，也就是一種「群眾外包」（crowdsourcing）的概念。我是手語研究者，因此手邊有大量有關手語對話及手勢的資料。我想先以手語為目標，請會手語的人回答哪裡是手語的句尾。從這些獲得的資料中，我就可以先探索手語的句尾和身體動作之間的關係。

Newton——也就是說，接下來要做的是找語音對話的句尾？

坊農——是的。以手語對話為對象所使用的群眾外包方法，如果適合運用在傳播溝通的研究上，那下次我就要嘗試進行語音對話和站立式閒聊聚會資料的群眾外包。感覺這樣似乎有繞了一下路，但這種做法如果成功，或許就可以利用同一種方法進一步分析F陣型和對話時會使人感覺輕鬆或尷尬的因素。我想根據群眾的意識去抽出對話規則。除此之外，因為有大量的群眾參與，或許也可以從中了解到對話規則裡是不是也蘊含著地域性和男女性別的差異。

即使打造出對話機器人，也不會威脅到人類的存在

Newton——如果AI不斷發展演化，是不是總有一天會剝奪掉人類的工作？牛津大學的研究團隊認為在10～20年後，有些行業會消失，

坊農博士說明並展示使用群眾外包進行手語句尾回答的研究實例。

例如電話銷售員和運動裁判等。

坊農——像只要照本宣科或者判斷真偽這類只要有正確解答的工作，很可能會遭AI剝奪工作。或許是因為這類工作與東大機器人小子的驗證工作很類似之故。但我認為記者應該不會被取代，因為記者彙整採訪資料時也常需要帶有豐富的感情。

Newton——但像現在傳遞股價變動訊息的文章都是自動化產出的。

坊農——如果是像數字變化這類單純傳遞事實的工作，那AI真的很在行。不過，如果是像敘述某種體驗感想或者提出問題看法等含有某種感情時，文章的製作就很難以自動化進行，所以我認為今後記者還是有存在的意義。

Newton——聽您這麼說，我就安心多了！那麼，對於對話機器人，人類在與其交談時，應該要有何種表現呢？

坊農——從溝通的觀點來說，機器人的製作似乎並不是以與人類平等為目標。從機器人戲劇中，人類可以不需要預先打招呼就侵入類人形機器人的操作領域來看，就能感覺出機器人似乎比人類更低一級。

到頭來，其實不管對手是機器人或是真人，只要能夠理解對方的想法就是一種溝通。我們的世界並不是只有機器人，一定會「存在」著具有溝通本能的人類。

此外，對於這種具閒聊功能的機器人，是否真的能夠帶來閒聊聚會所持有的社會性？或者因此可以讓世界真的變得更好呢，至今一切未知。機器人加入人類的閒聊交談中，是好還是不好呢？現在仍有討論的餘地。我打算在井戶機器人計畫中加入這類的討論。

Newton——謝謝您接受我們的專訪！　　　🪐

（執筆：島田祥輔）

AI協助人類從工作中「解放」

AI（人工智慧）會不會剝奪人類的工作呢？這種擔心的聲音時有所聞。將來，人類是不是將會變得沒有工作可做？如果當大部分的人類工作被AI取代，我們又該如何生存下去呢？讓我們請教專門研究AI與人類雇用關係的經濟學者——井上智洋博士，有關這方面的問題。

Newton——最近，隨著AI（人工智慧）的發展，有關「AI會不會剝奪人類工作」的討論一直非常熱烈。回顧歷史，也曾經發生過隨著機械的發展，人類受雇機會減少的狀況。

井上——隨著技術進步而發生的失業稱為「技術性失業」。技術性失業其實已經不是新鮮的話題，在1800年左右，起源於英國的工業革命（又稱產業革命）時就已經發生過了。那時，由於織布機的導入，導致手工織布的工人幾乎都失業。

另外，20世紀初的汽車普及也造成歐美駕駛馬車的車夫失業，還有20世紀晚期，計算機和個人電腦的出現，也讓以人工計算的工作消失。回顧歷史，我們可以了解隨著技術的進步，特定職業的人失業的情形也是反覆發生。

Newton——雖然技術性失業不斷重複發生，但感覺上至今為止很少蔚為話題。那又是為什麼呢？

井上——這是因為到目前為止，技術性失業只發生在特定職業的人身上。而這些人又找到了其他工作，由於這種技術性失業在短時間內就解決了，所以這個問題便不太被重視。

雖然在1930年時，英國經濟學家凱因斯（John Maynard Keynes）發表了有關技術性失業的看法，但之後因經濟大蕭條造成失業率增加，接著又是第二次世界大戰，所以已經不是討論技術性失業的狀況了。隨著戰後資本主義的黃金時代來臨，也讓技術性失業已經不再是問題了。

因IT的發達而受注目的技術性失業

Newton——最近隨著AI技術的逐漸發展，技術性失業似乎又再度受到注目。

井上——從1990年代起，技術性失業再度受到注目。原因之一是資訊技術（IT）的普及。由於技術的高度化，也讓對技術可以運用自如的人和不屬於這類的人之間，貧富差距拉開，因此對IT等新技術有畏懼感的人也自然增加。

其中，在2013年9月時，英國牛津大學的弗雷（Carl Benedikt Frey）博士和奧斯本尼（Michael A. Osborne）博士發表了一篇以《工作的未來》（The Future of Employment）為題的論文。該論文根據美國勞動統計局的數據，討論了702種職業有哪些可能會受到電腦自動化的影響。結果導出今後10～20年美國總受雇者人數的約47%會因自動化而面臨被淘汰的危險。

Newton——就是說在美國約有半數的工作將會被取代。這是很衝擊的內容。

井上——在該篇論文裡，計算了這702種職業

井上智洋　日本駒澤大學經濟學部副教授、日本早稻田大學兼任講師、日本慶應義塾大學SFC研究所資深研究員、日本總務省AI網路化檢討會議成員、AI社會論研究會共同發起人，經濟學博士，最近有許多關於人工智慧對經濟影響的論述。著作有《新Java教科書》、《人工智慧與經濟的未來》、《直升機撒錢》、《人工超智能》、《人工智慧終結資本主義？》（合著）等。

在10～20年後被機械或電腦取代的機率，並且洋洋灑灑地表列在附錄中。由於這個列表非常易懂，所以馬上廣為傳開，也讓AI剝奪人類工作的危機意識感染了整個社會。

已經有因AI而失業的情形了

Newton——實際上，AI會逐漸奪取人類的工作嗎？

井上——在日本，很多學者的論述是「人類可以與AI共存」，但我覺得這個論調有點過於樂觀。我認為從IT急速普及開始的1990年代可以就算是第3次工業革命的開始，現在是在途中階段。目前的狀況是在IT技術的延伸下，開發了許多僅進行特定智能性任務的AI（專用人工智慧）。可以說目前是處於IT革命尚未結束，就將要展開AI革命的狀態。

以廣義而言，網際網路的搜查引擎、郵購網站的推薦系統、智慧型手機用的語音助理以及人臉辨識系統（face recognition system）等都屬於AI範圍。雖然我們平常都沒有意識到AI的存在，但其實它已經進入了我們的生活當中。美國已經有因AI而失業的例子了，例如像律師助理、會計人員、客服人員等已經逐漸被專用人工智慧取代，這也是目前的真實狀況。

Newton——日本也有因專用人工智慧而失業的情形嗎？

井上——比起美國，日本比較不容易發生因AI而工作被取代的情形。原因之一是因為IT導入較慢之故。例如相較於日本，美國的雲端會計軟體※較為普及，日本導入該軟體的約只有1成左右。此外，在日本並沒有積極推動雇傭流動化，雇用制度依然維持接近終身雇用制，而有些工作也並不是那麼容易就能被機械取代。不過，即使在公司上班，也有很多情形是公司內部並沒有什麼工作可做，而形成社內失業的狀態。

不過，雖然在日本還不因為AI而失業的情形，但有因為IT失業的狀況。例如像亞馬遜（Amazon）這類網路商店的擴大，使得小規模店舖生意蕭條，造成在這些小店舖工作的人失業。當然這種類型的失業只限於一定範圍，失業的人又去其他地方就業，所以整體社會的

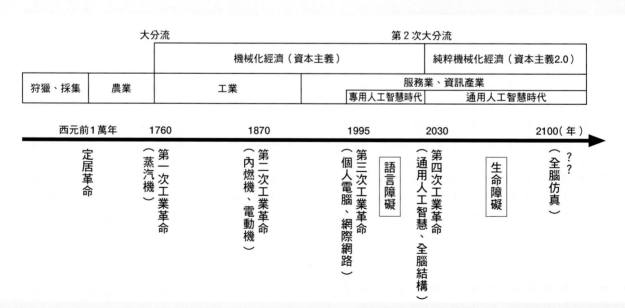

上表是表示發生技術性革命（下面直寫的部分）的時期和作為經濟中心的職業類別（上面橫寫的部分）在歷史上的演變經過。在2030年通用人工智慧登場前的專用人工智慧時代，AI並無法了解像似「自由」、「權利」等抽象概念的名詞，亦即遇到「語言障礙」（language barrier）。井上博士認為之後通用人工智慧登場後，很可能會產生如第一次工業革命一樣的重大轉變。不過，博士也同時認為，因為在21世紀前半期，AI沒有擁有像人類一樣的感性和知覺，也就是有道「生命障礙」矗立在前，所以智能方面是不可能超越人類的。創造通用人工智慧的方法主要有兩種，一種是全腦結構方式，另一種是全腦仿真方式（請參考118頁）。
出處：《人工智慧與經濟的未來》（文藝春秋）

失業率並沒有上升。

AI的發達拉大了差距

Newton──因AI所造成的失業，應該是暫時性的吧？

井上──就算如此，還有其他問題存在。進入21世紀後，美國一般工作者的薪資幾乎都沒有上漲。所得的平均值雖然有上升，但中間值卻下降。而這些值的推移，意味著貧富差距的拉大！這雖然也受到全球化的影響，但我認為受到IT和AI的影響更大。

Newton──那是為什麼呢？

井上──像與IT和AI有關的工作，都需要具有高度技術力和豐富的專門知識。雖然隨著IT和AI的發展，也會出現新的工作，但是可以從事這些工作的人也僅是少數。美國汽車製造公司──通用汽車公司（General Motors，GM）的員工約有20萬人；相對於此，Google的員工只有5萬人。但是股價市值，Google卻是通用汽車公司的10倍以上。軟體的製作需要高度技能，只要製作一次，之後就只要同樣複製即可，不需要像汽車或洗衣機這類工業產品，必須花費勞力來製作。

雖然隨著IT企業的成長，產生了新的工作，但要能夠從事該工作的是具有特別技術的少數人而已，並不是對一般勞工開放。例如：客服人員失業後，他們比較無法到Google或臉書（facebook）公司上班，就算獲得工作，也可能像是照護人員、清潔人員等薪資較低的工作。通過IT和AI合理化的結果，導致部分富人所得增加，而中間階級以下的人所得減少，亦即造成貧富懸殊兩極化。

Newton──至今為止，也重複發生過好幾次人類工作被機械取代的情形。在這之前的機械化和現在AI所造成的機械化有哪裡不同？

井上──20世紀末前，被取代的對象主要僅限

職業種類	（％）
超市等的收銀員	97
餐廳廚師	96
接待員	96
律師助理	94
飯店櫃台人員	94
餐廳服務員	94
會計師、財務總監	94
推銷員	92
保險業務員	92
導遊	91
計程車司機	89
巴士司機	89
房地產經紀人	86
保全人員	84
漁民	83
理髮師	80
洗碗工	77
調酒師	77

大 → 消失機率 → 小

上表是摘錄自論文《工作的未來》中所介紹的10～20年後，因電腦而消失機率比較高的幾種職業。出處：《人工智慧與經濟的未來》（文藝春秋）

在工廠內，因導入機械或機器人而工作被替換掉的作業員。不過隨著大量生產，東西價格變得便宜，讓許多人會買工業產品，這部分也讓需求勞工的人數大增。此外，即使少了工廠作業員的工作，他們也能做其他事務性工作或從事服務業，這樣的勞工移動（勞工轉職到其他公司或業種）也解決了失業問題。

但是AI和機器人也可以取代事務性工作和服務業，特別是處理資訊的事務性工作。原因是電腦原本就是處理資訊的機械，所以這些工作只要透過專用人工智慧進行自動化的話，事務性工作也會直接被機器取代。

Newton──事務性勞動力節省的趨勢吧！

井上──2017年12月，日本的有效求人倍率（求才求職比）為1.59倍，創43年11個月以

來的新高。2018年1月也仍然維持這個數字，可以看出勞動力的不足。但若只單看一般性事務，則2018年的有效求人倍率只有0.41倍。這表示即使應徵工作，但受到雇用的人不到應徵者的一半，顯示求職者人數較多的事務性工作已經有點過剩了！

Newton──不容易被專用AI（專用人工智慧）取代的工作有哪些呢？

井上──目前勞動力不足的有餐飲業和物流業等部分的服務業以及建設業等。AI相當於人類的頭腦部分。不管頭腦再好，但沒有類似手腳可以活動的機器部分，也無法取代搬運東西或者使用體力的工作。為了能實現可以代替這些部分的自動駕駛車和機器人等「智慧型機器」（smart machines）的實用化，需要進行頭腦部分和機器部分的2階段研發。所以人手不足的情形可能會持續一段時間。

隨著專用AI的普及，像事務性工作人員可以立即被取代。此時便能清楚劃分出勞動力過剩的職種，以及像卡車司機和餐飲店店員等這類因無法立即被取代而人手不足的職種。我認為到了2030年左右，由於智慧型機器的普及，解除了肉體勞動者人手不足的問題，而生產力和經濟成長率也都會往上提升，這個可由宏觀統計資料印證。

AI將會如何改變社會？

Newton──今後，會不會出現可超越專用AI，更向上發展的AI呢？

井上──AI的研究者現在為了實現通用AI（通用人工智慧），不斷投入研究。所謂通用AI（通用人工智慧）就是指可以擁有完全人類智慧行為的AI。研發通用AI的方法有很多，這裡我舉全腦仿真方式（whole brain emulation）和全腦結構方式（或稱全腦架構，whole brain architecture）。全腦仿真方式是在電腦上完全再現人腦神經網路的結構，而全腦結構方式則是設計程式模仿海馬迴，基底神經節、大腦新皮質等每個腦部位的機能，然後將它們組合起來，即可以形成腦型AI。

Newton──您個人認為哪一種通用AI比較可能會實現呢？

井上──若以實現通用AI的觀點來看，我認為全腦結構會比全腦仿真較為有優勢。形成人類腦部的神經細胞有1000億個左右，而連接神經細胞的突觸更約達100兆個。全腦仿真方式要再現這麼龐大的網路，這有點過於不太可能，所以感覺上利用程式再現大腦每個部位功能，再加以統整的全腦結構方式會比較行得通。

只是全腦結構方式也並不是現在立即就能實現的。我推測全腦結構型通用AI會在2030年左右實現。不過從那時候起到普及為止，應該還需要一段時間，因此許多人推測活用通用AI的時間，最早是2045年，最晚則是2060年左右。

Newton──這代表那時候的社會將會有很大的轉變！

井上──我也不知道通用AI是不是真的會實現，如果通用AI沒有出現，只有專用AI的話，只有特定職業的人會失業，這時出現的是暫時性失業。由於也有剩下的工作可以做，所以勞工也可以轉移到其他行業。不過如果隨著專用AI的進步和普及速度的加快，很可能就有許多職業會陸陸續續被取代，此時可能會面臨大量失業的風險。儘管如此，我認為許多人還是可以透過從事另一個職業來維持生計。

Newton──通用AI如果開發完成，將會對社會帶來什麼影響？

井上──照理說通用AI擁有完全的人類智慧行為，因此如果普及的話，將會一口氣地剝奪許多職業。但是如果只是開發通用AI，沒有一起開發裝載該系統的通用機器人，對社會的衝擊

通用人工智慧（全腦結構）和人類腦部示意圖。所謂全腦結構方式是指製造出模仿位於人類腦部的大腦新皮質、基底神經節以及海馬迴等區域的模組，並且組合這些模組而形成通用人工智慧的方式。

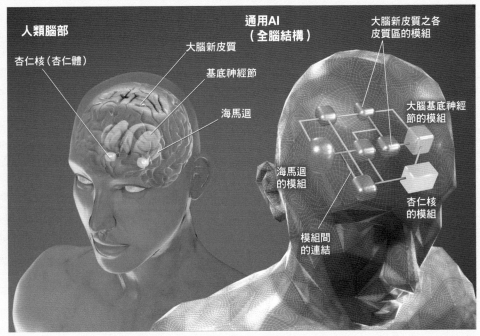

人類腦部
杏仁核（杏仁體）
大腦新皮質
基底神經節
海馬迴

通用AI（全腦結構）
大腦新皮質之各皮質區的模組
大腦基底神經節的模組
海馬迴的模組
杏仁核的模組
模組間的連結

性就會減弱很多。

如果通用AI開發完成的話，它不只可做單純的事務工作，也能擔任綜合職務和管理職務的工作。而像綜合職務和管理職務，都需要自己親身移動和用眼睛判斷，所以不只需要開發通用AI系統，也需要有搭載通用AI系統的通用機器人。2030年左右開發完成的最早通用AI，應該還無法靈活到完全模仿人類的地步，所以通用AI要具有凌駕人類執行綜合職務或管理職務的能力，可能還需要一段時間。

Newton——也就是說通用AI和通用機器人如果整合成套，能夠對應的工作就會增加！

井上——之後還有一個觀點，就是價格。不管它們性能多好，但如果價格過高，經營者就會猶豫要不要導入。例如搭載通用AI的通用機器人，若1小時的租借費用為1000日元左右，那麼可能就會有很多人失業了！不過我認為要發生這些狀況應該還要一段很長的時間。

即使AI時代來臨，有哪些職業不會被取代呢？

Newton——您認為即使通用AI出現，也不會被AI剝奪的工作有哪些呢？

井上——如果是全腦結構型的通用AI，我認為在創作類、經營管理類、服務類領域方面的工作，人類會稍微占有優勢。創作類的工作包含有小說家、電影導演、發明家、產品等的企劃開發部門、藝術家、研究者等；經營管理類則包含有公司經營者和管理職等；服務類包含照護員、護士、保育員、輔導員等。

Newton——這是為什麼呢？

井上——這些工作的共通性都是需要感性和感覺。例如要製作目前為止所沒有的新曲時，不只要本人，也要其他人都感覺好，才能打動人心。由於這種共鳴的產生，讓我們人類可以創作出以往沒有的新曲且是世人能完全接受的。

然而全腦結構型的通用AI卻無法辦到，因為全腦結構型的通用AI它只是模仿每個部位的功能，它並沒有人類具有的感性、感覺、慾望等等。對於AI而言，它能做的就是分析過去的音樂，製作和判定人類可以接受的曲調，它完全無法判斷新創造的曲子可不可以真的完全被世

人所接受。

Newton——這麼說來，全腦結構型的通用AI也是有極限的。

井上——這是因為如果製作的曲子越嶄新，就越無法依賴過去的資料。即使全新的音樂，人類都可以用自己的感性去判斷，但如果越新，AI就越無法判斷。正由於有這種差異，所以就算出現通用AI，創造類、經營管理類、服務類等工作領域，在某種程度上還是需要由人來擔任。據《工作的未來》的作者之一奧斯本尼（Michael A. Osborne）表示，今後是創意經濟（creative economy，因新的創意，創造出新的服務模式和產業，驅動社會和經濟的成長）時代的來臨。

Newton——由於通用AI的出現，使得人類工作變少時，社會將會產生何種變化呢？人類又要如何生存下去？

井上——根據日本總務省統計局勞動力調查得到的「產業別及職業別就業者人數」的數據，可以定位在創造類、經營管理類、服務類的「專業性及技術性職業」、「管理性職業」、「服務性職業」的從業人員，合計約有2000萬人。但可能會有類似下面的情形發生，就是這些職業若與AI競爭下，所需人數可能只剩約半數，大約減少到1000萬人左右。這約接近現在整體日本人人口的1成左右。或許快的話，在2045年左右，社會只剩約1成的人在工作。

Newton——只有1成嗎？

井上——不過這個前提是要2030年通用AI開發完成，之後迅速普及。在專家中也有人認為通用AI無法開發成功的。雖說如此，但也不能因此就太過樂觀。人工智慧計畫中的「機器人可否考上東京大學？」中所開發出的東大機器人小子，雖然無法進入東京大學，但卻具有可以進入明治大學、青山學院大學、立教大學等所謂MARCH等級大學的實力。無法進入MARCH

等級大學的學生就很憂心自己比不上AI。

當然考試和工作的性質不同，所以無法直接比較。雖然不能僅以此為根據，就說人類的工作會被AI奪取，但這也暗示即使只是專用AI，都可能會對社會帶來很大的影響。另外，就算還有人們可以從事的工作，或許薪資也沒有期待中的高。

AI協助人類從工作中「解放」

Newton——薪水會比現在還少啊！

井上——創造類的工作，本來就是貧富差距很大的職業，只有一小部分的人會變成有錢人，其餘的人不要指望有太多的收入。貧富的差距逐漸擴大，幾乎大部分的人都無法靠勞力來獲得金錢。像那樣的社會，經濟並無法循環。

Newton——那麼需要採取什麼樣對策呢？

井上——我建議的是無條件提供全體人民足以滿足基本生活需求費用的基本收入制度（basic income）。就算不談論AI話題，我也是認為這是必要的政策。現在日本對生活貧困的人，有生活保護制度作為救濟政策。在理應有受領資格的人中，卻只有2成的人可以領到。如果說到這個，一定有人會有意見表示，擴大生活保護對象就能解決這個問題。但為了要擴大生活保護，卻需要花費大量經費，例如像支付資產調查人員薪資等等。如果這樣的話，那還不如採用將定額的金錢提供給整體國民的基本收入制度會比較好，因為這樣也不會浪費，還能將錢交到有需要的人手上。

Newton——可否再詳細說明一下需要基本收入制度的理由呢？

井上——我剛才已經提過，隨著IT和AI的發展，工作效率越提高，貧富差距就越擴大。唯有技能不輸給AI的人才能有富裕的未來，但對大部分的人而言，卻不是快樂的生活。為了不邁入像那樣的社會，所以有必要透過基本收入

井上博士開朗地回答說，將來如果人類的工作被AI取代，我們剛好可以建立一個擺脫工作束縛的社會。

制度，讓財富再分配。

　　假設出現通用AI和通用機器人後，社會變成只剩1成的人在工作，那麼即使有很多物資和服務，大家也沒有錢可以買這些物品和服務，如此一來，就會造成整體經濟萎縮。為了不陷入這樣的情形，有需要透過基本收入制度，加強所得再分配機能，讓經濟轉動。

Newton——也有人提出質疑，表示如果實施基本收入制度可能會造成不工作的人數增加，對此，您有什麼看法呢？

井上——近代社會以後，勞動中心主義思想蔓延，是一個希望透過職業和收入來尋求肯定，以及實現自我的時代。因此有很多人會認為不工作還可以分配到金錢的基本收入制度是非常奇異的產物。但是如果到了AI和機器人取代人類，負責大部分的工作時，則大家對工作的價值觀可能不得不有所改變。或許那時候，會變成「為什麼那個人還在工作呢？」的說法。

Newton——從現在的社會規範來看，很難想像不工作的生活。

井上——在古希臘，工作是奴隸的事，市民不要工作也可以生活。如果AI和機器人以及基本收入制度結合起來，未來的我們也可能可以過那種生活。由於可以從工作中解放出來，於是自然專注在學問和運動的人也會增加。

　　大家都知道人不是機器。機器無法取代的是人的固有本質。假設這樣的話，我認為隨著AI的發達，更能凸顯人的本質。

Newton——確實由於AI的發達，也讓人是什麼的這個問題更明顯地浮現出來。謝謝您接受訪問。　　　　　　　　　　　　　　　🪐

（執筆：荒舩良孝）

121

讓AI說明審判結果的理由

審判是根據法令和判例所下的判決。現在已經有在審判方面，活用AI（人工智慧）的嘗試。透過植入在AI中的「邏輯程式設計」（logic programming），可以推論出為什麼會有這樣判決的結果。為什麼邏輯程式設計對審判有用呢？要如何實際地運用在司法場合呢？有關這方面的問題，讓我們來請教投入邏輯程式設計實用化的佐藤健博士。

Newton——很多人都說AI（人工智慧）取代所有工作的時代將要來臨！據說您是專門研發活用於審判等法律領域的人工智慧系統。

佐藤——是的。用比較難懂專業術語來說，我使用的是稱為「邏輯程式設計」的手法。

Newton——什麼是「邏輯程式設計」呢？

佐藤——「邏輯程式設計」的研究開始於1974年左右。電腦語言有很多種類，例如像C語言以及JAVA語言等稱為命令型語言（imperative language），是敘述並執行每一個過程（process）。電腦會根據指令的書寫順序，依序執行。相對於此，另外有一種語言稱為「宣告式語言」（declarative language），則是只要描述「要做什麼」，電腦就會自行找出方法執行。邏輯程式設計就是宣告式語言中的一種。

Newton——您的意思就是邏輯程式設計是只說明需要的結果，至於如何到達，就讓電腦自由選擇路線。為什麼您想要將邏輯程式設計導入AI中呢？

佐藤——如果要讓AI可以接近人類的思考能力，它就必須要有自己思考事物的能力，而自己找方法的邏輯程式設計就比較接近人類的思維過程。我大約是在1984年左右開始研究邏輯程式設計。那時候的日本，在硬體領域可以說是席捲全球，即使軟體領域，也是居於領導研究的地位，因此開始進行「第5代電腦」計畫。這是基於邏輯程式設計的軟體開發，我當時也加入了研究。

邏輯程式設計與法律領域也相合

Newton——那麼，請問您是從什麼時候開始想將邏輯程式設計運用在法律上的？

佐藤——契機應該是參與1990年代以明治大學吉野一教授為中心的「法律專家系統」（Legal Expert System）計畫。我是從1996年到1997參與這個計畫，這是一個處理聯合國國際貨物買賣契約公約（CISG）的計畫，這也是我開始研究法律和邏輯程式設計的機緣。

雖說如此，但那時候感覺像是把自己的研究強迫推銷給法律人。法律人對程式或電腦科學機制本身，都不是很了解，所以也沒有用得很順手。當時我自己對法律也不是很了解，2004年日本開始建立法科大學院制度，於是我從2006年起進入東京大學法科研究所，花了3年時間學習法律。

Newton——剛才有提到邏輯程式設計是讓電

佐藤 健 日本國立情報學研究所資訊學理論領域教授，理學博士。2017年日本司法考試合格，專業領域為AI理論基礎，目前主要研究題目為人工智慧理論應用在法律的研究。

腦自由選擇到達結果的路線。這也適用在法律問題上嗎？

佐藤——我們以借貸契約成立為例來思考。在法律世界，如果「借貸契約協議」、「金錢交付」、「還款期限」等條件都成立的話，結論就會導到「借貸契約成立」。另一方面，邏輯程式設計是先有「借貸契約成立」這個結論，然後再找滿足這個結論成立所需要的「借貸契約協議」、「金錢交付」、「還款期限」等條件，接著再調查這些是否成立。假設所有的條件都成立的話，就表示前面的結論成立。雖然和實際法律世界執行的處理（法律推論）是反向的，但結果是一樣的，因此使用邏輯程式設計的推論進行法律推論是可行的。

Newton——您為什麼認為邏輯程式設計可以利用在法律領域的審判上呢？

佐藤——很早以前，海外就已經有人將邏輯程式設計活用在法律領域了。1986年，就已有利用邏輯程式設計推論英國國籍法的系統。這個系統可以對應到例如以下的問題：「如果在英國發現被遺棄的兒童，則這個兒童擁有英國籍嗎？」最終答案只有兩個選擇，就是具國籍資格和不具國籍資格。首先輸入有關被發現的遺棄兒童狀況。隨著例如知道該名兒童的父母親嗎、父母親是否具有英國國籍等各種條件的輸入，答案也會有所變動。

Newton——原來如此。那麼，「邏輯程式設計」運用在審判上又有什麼優點呢？

佐藤——我製造的系統重點是擺放在民法上，系統中內建的功能，可以判斷民法處理範圍內的事例。具體來說，就是民法中的「要件事實論」的理論部分。這也稱為裁判規範，是法官如何使用民法進行判決的理論。這系統是我在司法研修所（通過司法考試的人員要成為司法人士而接受1年培訓的機構）時期所開發的。

例如：發生這樣的借貸問題，就是出借人是以對方要還款為前提而借錢給對方，但是借款人卻主張這是贈與，不是借款，這時結果會怎樣呢？由於沒有證據，所以也不知道哪一個才是真的。遇到這種情況應該怎麼辦呢？通常資訊不完整時，正解是「不知道」。但就審判來說，即使不知道，法官還是必須決定其中一個。像這種情況的資訊稱為「不完全訊息」（imperfect information），對這種只有不完全訊息的事例時，該如何判斷的理論就是要件事實論。

Newton——這表示邏輯程式設計適合處理要件事實論？

佐藤——邏輯程式設計的結構就是先有「結論」，再去找滿足該結論的「要件」。而法律是「事實」，然後再找出滿足該事實的法律，導出「結論」。雖然方向性是相反的，但是只要「要件」能齊全，就一定可以得出一定的「結論」。

Newton——原來如此啊！連結要件和結論的結構是相同的，所以，邏輯程式設計適合處理法律。

佐藤——對審判來說，導出判決為止的過程有3階段。第1階段是「事實認定」。這是從證據導出事實的階段。例如：只要有「賣電視」、「買電視」這種來往的電子郵件，就可以以此為證據，導出電視買賣契約的事實。但是這種證據也是可以捏造，所以也需要判斷該證據是否真的正確。

第2階段是「適用法律階段」。這個是將在事實認定階段中，所認定的真實世界實際發生的事實，與法律條文對應的階段。法律條文是抽象化的，所以必須對哪種事實符合條文中記載的法律事實（legal facts）進行匹配。若以上面例子來說，就是將真實世界所發生的買賣契約成立，與法律世界中訂立的「契約成立」這種法律事實進行對應匹配。第3階段是「判

審判所需 3 階段「事實認定階段」、「適用法律階段」以及「判決階段」之間的關係

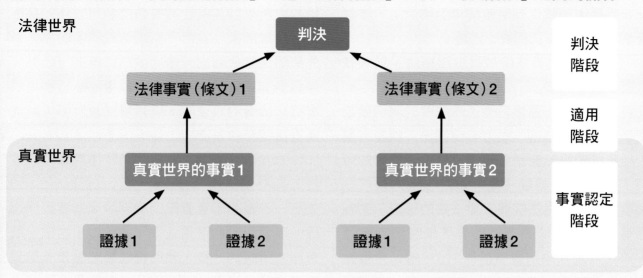

在審判上,要導出判決結果需要經過 3 個階段。第 1 階段是「事實認定階段」:從各種證據推導出在真實世界發生的事實;第 2 階段是「適用法律階段」:將該事實與法律事實(條文)相對應,以便能在法律世界進行處理;第 3 階段是「判決階段」:最後根據符合的法律事實通過適用法律進行判決。

決階段」,根據符合的法律事實,通過適用法律進行判決。

判決的機制有兩種,亦即「案例式推論」(Case-based reasoning;CBR)和「規則式推論」(Rule-Based Reasoning;RBR)。美國和英國使用的是案例式推論,這是一種找出歷史判例後,與現在事件做比較,然後再導出結論的做法。法國和德國使用的則是規則式推論,這種方法是看事實與事先制定好的規則是否相符合,如果該事實被認為與條文所寫的條件相同,就可推論適合這個判斷,然後導出結論,日本也是採取這種方式。邏輯程式設計原本就是根據規則形式書寫的,所以適合規則式推論。

Newton——我覺得AI是適合熟記過去所有事例,判斷實際事件比較接近哪個過去事例的作業。難道AI不適合案例式推論嗎?

佐藤——案例式推論是根據事例間的類似性進行判決,這與適用規則進行判決的方法並不一樣,所以我認為不適合案例式推論。不過即使是日本,實務上律師在預測法官會下什麼結論時,也會審視過去判例,根據事例進行思考。但是日本審判的判決本身不會這樣寫,而是根據規則,例如「適用法律第幾條,所以得出這樣的結論」、「第幾條的條文解釋是這樣的,所以得出這樣的結論」的這種寫法。規則式推論的判斷是很複雜的。

Newton——也就是說法官不同,最後的結論也會是一樣的意思?

佐藤——照理大概應該是一樣的結論,只是在事實認定過程中,判斷有時會分歧。此外,當法律解釋有搖擺不定時,有時也可能會導出不一樣的結論。不過如果事實確定,且明確只有一個解釋的話,那麼結論就不會動搖。

要讓不具常識的AI進行事實認定是很困難的

Newton——在實際的裁判上,有時候一審和二審的判決會有所不同。那是因為事實認定不同嗎?

佐藤——是的!除此之外,有新的事證出現時,結論也可能會改變。還有因為不同法官而解釋有所相異時,判決也可能會不一樣。也就

是如果最高法院沒有明確解釋的情況下，結論會根據法官的不同而隨之改變。

Newton——最高法院如果做出結論，以後就是遵循該結論？

佐藤——是的！通常只要最高法院的判例確定下來，就不會動搖。最近有個判決，就是有關「租賃契約更新費是否有違反保護消費者的原則？」。由於下級審（高等法院、地方法院、家事法院、簡易法院等下級法院的審理）的判斷有分歧，所以最後經過最高法院的判定是「並未違反保護消費者的原則」，所以今後就是根據這個原則進行判斷。當然也有發生過最高法院對本身所做出的錯誤判例而訂正的例子（判例變更），但這種情況非常稀少。

Newton——邏輯程式設計是如何實際利用在法律上的？

佐藤——可以利用在判決中，對得出結論（判決結果）的推論進行說明。

Newton——例如為什麼勝訴、為什麼會敗訴等嗎？

佐藤——是的。例如判決書中，會記載「根據民法第587條及591條，基於XY兩方間簽立的契約書中的還款期，所以借款人Y必須歸還借出人X欠款」等的判斷理由。若是這種情形，邏輯程式設計也能做出說明，例如因為適合這條條文和那條條文，所以才會出現這樣的答案。因此邏輯程式設計可以用來確認判決上，有沒有故意對事實有利解釋的部分呢？或者與實際自己所導出的結論有所矛盾的地方呢？

但是如果像剛才所舉的例子，沒有最高法院做出判決事例而發生解釋分歧時、或者是事實認定有分歧時，我所製作的邏輯程式設計（PROLEG）還無法對應。利用邏輯程式設計機械性地進行事實認定的難度就在這裡，因此我現在能處理的就只有針對最高法院的判決事例。由於不是因法官不同而出現不同結論的

情形，所以我認為比較有效的利用方法，是運用在當律師擔任自己不熟悉領域事例時，能事先確認法官會導出什麼樣的結論等上。此外，像對於有關智慧財產權和著作權等新法律、或者每年改變的稅法等，邏輯程式設計都可以成為支援律師和法官的工具。

Newton——總之，這是要開發作為專家的支援工具。

佐藤——是的！在實際的審判中，需要經過合理的事實認定和適用法律，才能做出結論。就像剛才所說的一樣，我的程式目前還沒有做到事實認定和適用法律這部分。特別是事實認定這部分包含有專家的技能，所以很難利用機械進行。

Newton——這是為什麼呢？

佐藤——因為就常識推論來說，因為AI不具有「常識」，所以很難能和人類一樣進行事實認定。要將常識利用程式表現是很困難的，這不只我們，目前為止已經有很多人都嘗試過，但結局都是失敗。

Newton——據說要讓AI具有倫理觀也是很困難的，兩者是不是相同的道理呢？

佐藤——倫理是價值觀的問題，是屬於高度社會的產物。常識推論是基礎的問題。像「掉到水溝裡，衣服會髒掉」這種事，我們即使不特別學習也能作為常識理解，但這要讓AI學習就非常困難。對於AI而言，需要事先輸入外來的資訊，因此如果不事先輸入所有的常識，AI就無法理解。然而被稱為常識的東西有很多，要全部輸入幾乎不太可能。正由於實在太多了，所以根本輸入不完。

像這種龐大資訊的學習本來是深度學習（deep learning）擅長的領域，但學習數據遠比常識的數量要少很多，因此並無法透過深度學習進行學習，所以實際上要讓AI擁有常識是很困難的。但是如果沒有輸入常識，就無法

進行常識推論，這樣也就很難執行事實認定。雖說它是支援工具，但如果是沒有法律知識的素人要使用的話，可能也有難度。

Newton——原來如此！如果只憑深度學習為基礎的AI，將來即使要開發支援審判系統也很難嗎？

佐藤——利用深度學習的話，只能說有罪或無罪，但卻無法說明。在審判中，為什麼有罪或為什麼無罪，理由才是重要的，但它卻無法說明，但是邏輯程式設計卻能夠說明理由。

假設只運用了具有深度學習技術的AI在審判上，當AI判「死刑」時，能夠被接受嗎？如果認為AI的判斷都不會有錯，那就只能相信它，但我覺得這有點說不過去。因為我認為應該需要了解為什麼會得到這樣結論的理由。此時，如果不能說明，那應該也無法進行判斷。

Newton——因此仍然需要邏輯程式設計。您未來有計畫開發能執行常識推論的AI嗎？

佐藤——這是剛著手的計畫，所以目前正在研究讓AI記住常識的方法。由於常識太多，所以如果只限定在像「租賃契約」這種領域上，或許可以成功。

AI已經開始被應用在審判上

Newton——為了將AI活用在審判領域，除了利用「邏輯程式設計」之外，是否還有其他技術正在研究中呢？

佐藤——在以案例式推論進行審判的美國事例方面，據說已經有人利用AI找尋相關判例。您知道IBM開發的「華生」（Watson）程式嗎？這是IBM所開發的問答系統，是2011年2月為了挑戰美國人氣益智競賽節目《危險邊緣》（Jeopardy！）所設計的。IBM已經開始將華生程式應用在醫療和法律領域。由於美國法律是根據過去判例然後做出判決，所以律師下面有很許多專門檢索收集判例的律師助理

佐藤博士一面看資料，一面以簡單易懂的方式跟我們說明高難度的「邏輯程式設計」概念。

（paralegal）。據說最近律師助理的工作也被以IBM華生為基礎的AI所取代。

此外，在美國司法制度中有一種稱為事證開示制度（discovery）。這是當法官要求提出證據時，就必須一定要揭示案件相關證據的制度，發現有隱瞞證據時，將會依據罰則處置。在以往只是以有形物體為對象，但最近已經可以要求提出例如電子郵件等電子媒介作為證據，這稱為「電子化證據開示」（e-discovery）。

有名的事例就是柯林頓執政期間，美國政府向菸草公司提出「販售有害人體的香菸產品並隱瞞菸害」的訴訟，而菸草公司則反駁說：「因為政府說可以賣，我們才賣」。對此，法

127

院要求提出有關該證據的電子郵件。為此，大約25個人，花了6個月的時間，從在柯林頓執政期間通訊的3200萬件這麼龐大的電子郵件數量中找到10萬件的相關郵件。如果是AI，應該馬上就能完成這項工作。

Newton──原來在美國已經開始將AI活用在審判上了。日本是規則式推論，也能像這樣運用嗎？

佐藤──不行！如果像最高法院還沒有判決決定的事例，就必須將下級審的判例全部確認，目前是實際有在做這樣的檢索工作。這就像似把審判的判決文當作判例資料庫在進行檢索。這和一般檢索方式一樣，是利用關鍵字檢索全文，所以如果有細微條件錯誤，找到的可能是沒用的資料，或者是錯失需要的資料。也由於無法說明為什麼相關，所以必須一一審視。

美國的律師助理都是職業級判例檢索的高手，所以他們都很明白輸入什麼樣的關鍵字，可以收集到關連性較強的資料。這是在審判中不可缺少的工作。但是現在已經能由AI替代，所以很多律師事務所都採用AI，以致於出現法律助理大批失業的現象。

Newton──大家都說AI會奪取人類的工作，那麼這樣看來，AI已經開始在奪取法律相關工作了！

佐藤──是的！只是還無法讓AI學習常識，所以我認為需要事實認定能力的律師、法官和檢察官等工作還是可以倖存下來。相反的，在日本也有像律師助理那樣單純的工作，可能就會被AI取代。只是隨著AI技術的急速進步，法律相關工作會不會永遠不被剝奪呢？那還是個問號。許多深度學習領域的專家也都明白，深度學習的弱點是數據必須要很多，以及無法說明原因等兩個地方，因此大家還在投入這兩方面的研究。

Newton──包含海外事例，有沒有AI實際應用在審判上的例子呢？

佐藤──目前就我所知的是沒有。不過在荷蘭有利用名為INDiGO的電腦系統進行行政工作的例子。它的做法是先將要做什麼樣的工作預先模式化，然後再應用規則得到結論。不過這終究是行政官員用於入出國管理法的系統，並不適合一般使用。說到底，它就是行政服務的支援。而由於審判需要專家判斷的部分實在太多，所以確實存有難度。

對應民法的程式系統正在開發中

Newton──那麼，將來是不是也很難應用在所有的審判裁決呢？

佐藤──是的。由於事實認定這部分很困難，所以要取代有關法律方面的所有工作是不可能的，因此最多只能當作支援工具使用。或許雖然可以應用在有無錯誤的確認上，但難以支援所有事實認定方面的工作。

Newton──請問有關於審判支援工具用的邏輯程式設計，目前您的研究已經進展到哪個階段呢？

佐藤──現階段我們的研究團隊製作的PROLEG程式已經記述了1萬條左右的民法條文，也就是將教科書中所出現的最高法院判例輸入到電腦。法律用語中所說的「法令」是指民法和刑法等明文記述的法律，是由國會制定的。相對於此，最高法院所做出的判決判斷則稱為「判例」，實務上與法律具有同樣的實質功能（亦即一般都會遵循判例）。PROLEG可以將這些同等地作為規則表現。

在「法律專家系統」時期，雖然也曾有過小規模的規則書寫，但像這樣達1萬條以上的記述則是我們團隊首創。當然並不是由一個人全部輸入，是我讀東京大學法科研究所時期的同學和學弟妹，每年輪流3位在幫忙輸入規則。

Newton──利用人海戰術的話，可以從1萬

佐藤博士熱情地談論著自己對開發能執行民法推論的「PROLEG」程式的幹勁。

條規則不斷地增加。

佐藤——與其說增加，不如說是進入了驗證階段。在司法考試的短答式問題中，有從５個選項中選擇２～３個正確答案（或錯誤答案）之類的考題，因此你可以把每個選項視為Yes／No的問題。所以我們現在驗證程式是不是就可以實際解開問題並進行正確判斷。

Newton——如果能順利實際運作，那就可以運用在法院等處了！

佐藤——我認為不是那麼容易。法院是非常保守的，例如審判資料等不可以用電子郵件寄發，一定要是紙本。所以當大規模審判時，審判用資料一下子就能裝好幾台卡車。用紙的話，就不可能進行機器學習，自然也無法運用AI。有關審判的IT化，終於在2017年，以日本內閣府為首，開始進行討論，但這樣進展還是算很緩慢的。例如韓國，已經可以在智慧型手機上查看目前自己審判的進度。日本在這方面算是比較落後的國家。

Newton——IT化無法進展是因為安全性問題（security problem）嗎？

佐藤——應該也有關係。但比起這個問題，我認為原因是在要IT化的話，需要花費龐大的經費。如果IT化的話，就必須有人管理伺服器，而且是需要24小時管理。另外，為了怕伺服器當機，就必須要有雙套系統。即使一套系統停止，另一套備用系統也必須處於運作狀態。如果像這樣的話，其實需要一筆龐大的經費。即使技術上能夠實現，但維護也需要花錢，因此變成像現在這種不知該何去何從的地步。

Newton——看來審判要AI化，還有許多課題尚待解決。謝謝您接受我們的採訪。　✍

（執筆：藥袋摩耶）

AI需要有常識、道德觀和感情嗎？

隨著今後AI（人工智慧）的高度發展，可以預想到汽車完全自動化駕駛、生活輔助機器人等將會深入我們的生活中。這為我們提供了便利且豐富生活的同時，但若因AI而導致事故等不幸事件時，究竟責任由誰承擔？此外，該讓AI具有感情嗎？諸如這些的新課題目前也一一浮現。因此在這裡，我們請教在日本總務省主辦的人工智慧對社會影響相關專家會議上擔任代理主席和分科會會長，並且詳知AI倫理等的平野晉教授，有關於該方面的相關課題。

科幻世界即將成真

Newton——博士您的專業領域是在產品責任（PL）法和網路法（cyber-law），並且在2017年11月，您也出版了以「朝AI與人類共生邁進」為副題的《機器人法》一書（弘文堂）。首先想請教您有關網路法和機器人法。

平野——網路法是處理在網際網路上的網際空間中所產生的，像是名譽損毀、著作權侵害等法律問題的研究領域；而機器人法是為了事前掌握備受ICT企業※關注的機器人，在今後深入我們生活中可能引起的課題，以及針對該課題進行對策檢討的研究領域。

　　這些並不像六法一樣，有成文法。

Newton——那麼，像在工廠等限定地方作業的機器人，今後深入我們生活中的同時，因與網際網路等連線而可能產生的風險進行預判和防範的是機器人法。

平野——沒錯，正是這樣！這裡所謂的機器人是指利用搭載有感應器或通訊裝置，可從外部取得資訊，並在處理該資訊的同時，為了達到人類設定的目標，會「自主」選擇和判斷方法，且可根據該方法行動的機器。這裡的「自主」就是一個關鍵字。

Newton——科幻作家艾西莫夫（Isaac Asimov）在1940年代，曾設想出人類與機器人的共生共存，因而提出了「機器人三定律」（Three Laws of Robotics）。

平野——這三定律的內容為第1法則是「機器人不得傷害人類，或坐視人類受傷害」、第2法則是「除非違背第1法則，否則機器人必須服從人類的命令」，第3法則是「除非違背第1或第2法則，否則機器人必須保護自身安全」。但這3個法則也常遭受批判。

Newton——什麼樣的批判呢？

平野——其中一個批判是「機器人最多也只能按照字面上的命令行事，只要機器人不具常識和直覺，這3法則就不能作用」。

　　然而僅在這數年之內，可以視為機器人「頭腦」的AI（人工智慧）急速發展，再加上，使用AI處理大量累積的巨量資料之機器學習（machine learning）和深度學習（deep learning）等手法的抬頭，也使得機器人自主

　　※：從事有關網際網路、大數據或社群媒體等方面的企業。

平野 晉 日本中央大學綜合政策學部教授，美國紐約州律師、博士（綜合政策）。專業領域為製造物責任法、網路空間法、AI
及機器人法，以及美國民法，主要著作有《機器人法》、《美國侵權行為法》以及《國際契約撰擬學》等。

處理資訊的能力，以及為了達成目標的自主選擇和判斷能力急遽提高。

AI本身是個軟體，屬於「無體物」，機器人則是屬於存在真實空間的「有體物」，而這兩者的融合，也使得約80年前，艾西莫夫所設想的問題，以及「2001太空漫遊」（2001：A Space Odyssey）和「魔鬼終結者」（The Terminator）這類科幻電影世界逐漸接近真實。現今的科學可以說著實地一步步接近過去的科幻小說。

Newton──或許這意味著擁有常識或直覺的機器人時代已經來臨！

想請問為什麼關心機器人法，其中的契機是什麼呢？

平野──由於我擅長產品責任法和網路法的關係，所以在2005～2006年參加了日本經濟產業省主辦的「機器人政策研究會」，而這次的參與就成為我關心機器人法的契機。研究會的主要目的是對今後生活輔助機器人（Human Support Robot；HSR）深入我們生活中時，可能會產生的課題進行探討。

雖然當時我對機器人法也進行了各種研究，但剛好那時是第二次AI研究繁榮期退去的嚴冬時期，所以AI並沒有成為熱烈討論的話題。生活輔助機器人的普及也沒有預想中順利，因此機器人政策研究會的活動也就逐漸停止。

Newton──我記得第一次繁榮期是在1960年代，第2次繁榮期是從1980年代到1990年代前半期。

平野──可是隨著2010年機器學習和深度學習的出現，產生了AI研究的第三次繁榮期。在這股熱潮的契機下，2016年左右，總務省發出邀請，請我擔任「AI網路化檢討會議」的代理主席，負責協商今後AI發展過程中可能出現的問題。

「供國際討論的AI開發指南草案」中提出了九項開發原則

Newton──據了解，AI網路化檢討會議中的協商內容後來移轉到「AI網路社會推進會議」，於是彙整出了「供國際討論的AI開發指南草案」。聽說這個草案得到歐美在內之許多國家的贊同。

平野──這裡想事先強調的是這個指南草案的目標，就是為了要得到國際上廣泛贊同而製作的準則，也就是作為軟法（soft law）制定，並不具備法律的強制力。

Newton──這是什麼意思呢？

平野──所謂軟法是現實經濟社會中，國家或是企業自願保有某種約束感而遵循的一種「規範」，但不具有法律的強制力。用顯而易懂的話來說，就是「規矩」。

為什麼要制定成軟法呢？因為現在AI技術的開發還在發展途中，如果在這個階段制定法律規約，可能會阻礙AI技術的發展和創新，並造成萎縮現象。

在本案製作時，參考了1980年經濟合作暨發展組織（OECD）的「個資保護八原則」。該法則也沒有法律的強制力。但之後，歐盟（EU）根據這些原則並配合需求，制定了有關個人隱私的保護法等，這也讓法律的整備更趨周延。日本的「個人情報保護法」也是受這些原則的影響，因此希望AI開發指南草案也能成為各國根據各自所需，修訂法案的基礎。

Newton──可否告訴我們AI開發指南草案的具體內容呢？

平野──今後，AI之間或者與其他系統之間可能會透過網際網路互相存取資料，因此以這種「AI網路」為前提，檢討了有關AI帶來的好處和風險。

結果提出了九個開發原則，包含①「合作原

供國際討論的 AI 開發指南草案

①	合作原則	開發人員應注意 AI 系統的互聯性和互通性。
②	透明性原則	開發人員應注意 AI 系統的輸出入需具可驗證性以及判斷結果需具可說明性。
③	可控制原則	開發人員應注意 AI 系統的可控制性。
④	人身安全原則	開發人員應確保 AI 系統不會透過致動器等，危害到使用者或第三方的生命、身體或財產。
⑤	系統安全原則	開發人員應注意 AI 系統的安全性。
⑥	隱私原則	開發人員應確保 AI 系統不會侵犯使用者或第三方的隱私權。
⑦	倫理原則	開發人員在開發 AI 系統時，應尊重人的尊嚴和個人自主權。
⑧	使用者支援原則	開發人員應確保 AI 系統支援使用者，並適當地提供使用者選擇機會。
⑨	問責原則	開發人員應向包含使用者在內的利害關係人負責。

日本AI網路社會推進會議所彙整的「供國際討論的AI開發指南草案」。受到AI的顯著發展，因此以不久將來，社會將構築AI網路為前提下，檢討出九項開發原則。不過該指南只是基準草案，並不具有法律約束力。

則」、②「透明性原則」、③「可控制原則」、④「人身安全原則」、⑤「系統安全原則」、⑥「隱私原則」、⑦「倫理原則」、⑧「使用者支援原則」以及⑨「問責原則」等。

Newton——能否告訴我們每個開發原則的詳細內容呢？

平野——①合作原則是為了促進AI網路的健全發展，讓AI系統間可以互聯和互通，以達資訊共享的目的。為此，建議若有國際性標準或規格時，應該積極開放，並遵循該標準及規格。

現在，社會高度關心的開發領域之一就是汽車的自動駕駛。美國汽車技術會（SEA）將幾乎國際標準化的自動駕駛發展階段分為0～5級（level），共6個級別。美國 運輸部（DOT）屬下的美國國家公路交通安全管理局（NHTSA）也是採用這項標準。

0級是沒有自動化，5級是完全自動化。中間1～4級則是根據駕駛員介入的程度分級。為了實現自動駕駛，搭載在汽車上的AI系統彼此間以及AI系統與周圍交通系統等的訊息交換是不可或缺的。正因為這種彼此間的協作，才能避免交通事故或塞車問題。

AI的兩大風險——不透明性和不可控性

Newton——繼續請教您有關②透明性原則和③可控制原則的內容。

平野——AI讓人覺得最可怕的風險就是「不透明性」和「不可控性」這兩項。

近年的AI，因為透過機器學習和深度學習，所以即使不教它一切，也就是說對於設想好的所有例子，即使是在事先沒有程式設計的情況下，AI都能「自主」處理資訊以及選擇和判斷對策。由於AI的進步已經到達這種地步，也讓它的實用性急劇提升，而這也是為什麼出現第3次繁榮期的原因。

但另一方面，例如輸入的究竟是什麼樣的巨量資訊？又是經過如何處理而得到的結果？像這種AI所進行的選擇和判斷過程，就像個黑盒

子，欠缺透明性，這點也是最大的風險。因此也會擔心發生「AI不知道會做出什麼事」以及「可能會突然變得無法控制而失控」等情況。

Newton——不透明性、不可控性與AI的效用性可以說是一體兩面。

平野——沒錯！因此②透明性原則就是為了不讓AI使用者等的生命、自由、隱私、財產等暴露在危險中，所以AI開發人員需注意AI系統的輸出入需具可驗證性，並且需能說明AI的選擇和判斷結果。

另外，在③可控制原則中，為了確保AI的可控性，建議AI開發人員不只要加上可透過人或其他可信賴的AI系統進行監督外，還要安裝當失控時，可直接停止系統或切斷網路的功能。

Newton——特別是AI，由於是藉由機器人和汽車作為「身體」使用，所以可以說可能會讓使用者生命或身體陷入危險中的風險更加提

高。在2018年3月，就有出現美國發生一起自動駕駛車造成死亡車禍的新聞報導。

平野——對啊！此外像資訊洩漏、虛擬貨幣流出等，在網路空間中的事件或事故，也是一大問題，甚至可能會造成人命相關問題。因此④人身安全原則上，建議開發AI時，就使用者或第三者的生命、身體或財產安全性等方面，除了要降低危險因素外，還要搭載像自動剎車等可以抑制危險發生的裝備，並且要能對包含使用者等的利害關係人，清楚說明設計的宗旨和理由。尤其是「能說明設計宗旨和理由」這部分，與自動駕駛面臨的「電車難題」（trolley problem）關係密切，內含非常難解的問題。

面臨的難題——電車難題

Newton——最近常聽到電車難題這個詞。

平野——這是一個兩難困境（dilemma）問題。例如在失控電車的前方有5個人，若要避免這5個人被輾死，就必須在前方分岔處切換行駛方向，但在該處同樣也有1個人，這時應該怎麼下判斷呢？照理說人的生命不會有貴賤或優先順序之分，但在自動駕駛車的開發上，卻需要讓AI判斷要優先救助哪個人的生命，所以這就成為一個大問題。

Newton——電車難題原本只是個單純思想實驗的問題，但一旦將這個電車替換成自動駕駛車，就帶有現實感。

平野——現在的交通事故約有9成是人為造成的，因此如果能達到5級完全自動駕駛支配世界時，交通事故可望大幅減少。同時，像電車難題這樣案例的發生，也會幾乎消失。但是問題在到達5級之前的過渡期，該如何面對呢？要到達5級，還需要花相當長的一段時間。所以5級前，要如何讓AI進行選擇和判斷呢？自動駕駛車的開發者已經面臨被迫做出選擇設計

受到各方矚目並有多家企業開始著手開發的自動駕駛車，在被期待能給人類生活帶來舒適的同時，但又面臨電車難題等各種課題。

的時候了！

Newton——這是一個非常難解的問題。究竟該怎麼做會比較好呢？

平野——這不是一個很容易回答的問題。實際上，如果AI造成人身事故時，所有的責任應該由汽車製造商來承擔嗎？在歐洲，賓士汽車（Benz）和富豪汽車（VOLVO）已經表示會承擔事故責任，我認為這是一項非常有勇氣的決定。

有關於電車難題，在沒有任何人有明確答案的情況下，我自己認為不應只讓汽車製造商負責，而是應該全體國民徹底進行討論。

增加隱私受侵害的風險

Newton——這的確是大家都應該要深思熟慮的問題。

那麼，接下去的⑤系統安全原則又是什麼樣的內容呢？

平野——這裡建議開發人員開發AI時，要注意資訊安全，全力構築出高信賴度、具有安全保護的可靠網路。

假設自動駕駛車被駭客入侵，透過遠端遙控引起網路恐怖攻擊，那就很嚴重了！隨著今後生活輔助機器人和寵物機器人深入家庭，如果沒有落實資訊安全，則很多個人隱私資訊也可能會透過機器人洩漏出去。

因此在⑥隱私原則中，建議開發者在設計開發階段時，就要採取對策，不要讓有關個人資料等訊息隱私，以及住家等空間隱私受到了侵害。

Newton——另外，⑦倫理原則好像也是AI獨有的難題。

平野——假設我們給AI的資訊充滿偏見，自然它就會做出充滿偏見的選擇和判斷。拿防止犯罪觀點為例，假設我們輸入的訊息是「這類人

種或是這種宗教人士是恐怖份子的可能性極高」，這將會導致對不同人種和宗教有不公平的差別待遇。

此外，與我們切身有關的問題就是生命保險和求職活動。像病歷這種個人資訊是非常敏感的，通常絕不允許洩漏。因此不用說是自己的個資，如果自己父母親或是親戚的病歷等所有的個人資料，透過AI被非法取得和處理，並且社會也信賴該資料的情況下，那就會造成嚴重的社會問題。例如有人會擔心自己因為先天條件而無法保險，也有人會憂心自己會因此在找工作時被不公平對待。

Newton——聽說求職時，也有企業是利用AI對求職者的申請書進行評價。

平野——在我任教大學的學生中也有人遇過這個問題。當正式導入AI後，個人的特性和優點受到評價的機會就會減少，感覺像是到了一個野蠻社會一樣。我非常憂心今後會形成只要說「這是AI決定的」，就無法反駁的社會。為了不要產生像這樣的社會，我們應該集結眾人智慧，一起討論出一個好方法。

再者，像⑧使用者支援原則，是希望開發時必須注意設計和訊息提供，以讓利用者可以做出有利的選擇和判斷。

最後總結部分，追加了⑨問責原則。問責就是將責任具體化，在這裡，是建議AI開發者需對利用者和第三者提供訊息和進行詳細解說，達到說明的義務。

Newton——我了解了，這九項原則並不是分別單獨存在，而是彼此有密切關係。

是否應該讓AI具有常識、道德觀以及感情呢？

Newton——說到機器人和AI，聽說美國正在研發機器人武器。可以告訴我們現況嗎？

平野——現階段，並沒有開發出像科幻電影「魔鬼終結者」中的完全自主機器人兵器。而美國反對機器人兵器的人士最擔心的就是這點。由於機器人沒有感情，所以在殺戮時不會有任何猶豫，這點非常可怕。但另一方面，贊成人士則表示，人類有復仇心和虛榮心這類負面感情，所以反而會比機器人更殘酷。原因就是在於人類的實際歷史中，有多次的大屠殺。

Newton——雙方的主張似乎都有道理。

平野——因此，現在比較熱烈的討論話題是「應該讓AI具有常識、道德觀及感情嗎？」。這個話題和開發原則⑦的倫理原則有關。在現階段，不只要定義常識是什麼？感情是什麼？都很困難外，要讓AI也具有這些感情和觀念，在技術上也有難度。

Newton——這可以理解為一種「框架問題」（frame problem）嗎？

平野——正是這樣。所謂的框架問題就是即使我們由上而下教了很多規則和指令給AI，但我們卻不可能預先輸入遇到突發狀況時的對應方法和訊息；假設就算可以，但也很難可以從中做出適切的選擇和判斷。歸根究柢，問題就是電腦只能在設定的框架內適當地發揮作用。

如果是簡單的框架問題，可以透過機器學習和深度學習來解決，但要讓AI擁有常識或倫理觀不只有難度外，還要注意不要讓AI或搭載AI的機器人在發揮自主性結果的情況下，產生失控情形，而這也是今後的一大課題。

Newton——有解決這個課題的方法嗎？

平野——我目前關注在美國的「跨學科法律研究」（Interdisciplinary Legal Studies）領域。例如「法律與經濟學」、「法律與文學」等，這是從經濟學、文學作品等各種領域來學習法律學，並希望藉此能使法律變得更好。

Newton——「跨學科」的意思就是跨不同學習領域的意思？

平野——是的。最近開始出現「法律與大眾文化」的研究領域。這是一種從電影等大眾文化中發現大家所認知的法律及其問題點的研究。特別是在好萊塢電影中有許多作品，暗示著機器人和AI的自主性發展將會對社會帶來某些影響，而這將有助於今後機器人法和AI開發指南草案的改善。

Newton——確實，好萊塢電影中有很多是以不久的將來作為舞台的電影，似乎很有參考的價值。

平野——我本身很喜歡電影，為了讓學生易於理解，我經常以電影例子為題材，然後和學生一起進行討論。

我本身既不是AI開發人員，也並不是技術人員，所以我不知道有什麼具體方法可以讓AI具有常識。不管怎樣，我可以確定的是這不是光憑機器人或AI的開發者可以解決的問題。最好法學家、心理學家、哲學家、文學家以及腦科學家等所有領域的研究人員都能一起討論，積極交換意見，以符合技術發展的形式，每次在修正路線的同時，也能確定出方向。

技術奇點即將來臨？

Newton——也有很多人在討論是不是應該賦予機器人和AI憲法上的人權，關於這點，您的看法呢？

平野——我認為要確認機器人是否具有可被賦予人權的人類屬性，是非常困難的。如果無法明確指出人之所以為人，是因為具有什麼屬性，那自然也無法確認機器人是否也有這些屬性。不過，首先要定義具有什麼屬性而能被認可為人，這件事本身就非常困難。

Newton——最後，想請教一下平野博士，您認為「技術奇點」（或稱為「技術奇異點」，

平野博士熱心地以淺而易懂的方式，對我們說明今後AI進入我們生活後可能會產生的問題以及應該要採取的對策。

singularity）即將到來嗎？技術奇點是在1993年，由數學家，也是科幻作家的文奇（Vernor Steffen Vinge）所創造的一個名詞。定義是「以工程技術創造出可比人類更聰明之存在物的時間點」、「創造出超越人類智慧的存在物並終結人類時代的時期」。未來學專家庫茲威爾（Ray Kurzweil）預言「奇點將在2045年到來」，因此這也被稱為「2045年問題」，也就是說接下來的30年內可能會發生，您的想法呢？

平野——我並不知道會不會有奇點到來，但是我每次聽到2045年問題時，我就會想到「千禧年危機」（2000年問題）。2000年的千禧年危機就是那時有很多人指出一到2000年，電腦就會出現運作錯誤的問題。結果什麼事都沒有發生。同樣的，2045年問題或許也不會發生。話雖如此，但考慮到如果實際有奇點到來，人類有可能會陷入存亡危機，因此我認為應該從現在起在國際會議上反覆討論，大家不要慌張，一起冷靜對應。

Newton——謝謝您為我們帶來令人值得深思的內容！

（執筆：山田久美）

人人伽利略 科學叢書 01
太陽系大圖鑑

徹底解說太陽系的成員以及
從誕生到未來的所有過程！　　售價：450元

　　本書除介紹構成太陽系的成員外，還藉由精美的插畫，從太陽系的誕生一直介紹到末日，可說是市面上解說太陽系最完整的一本書。在本書的最後，還附上與近年來備受矚目之衛星、小行星等相關的報導，以及由太空探測器所拍攝最新天體圖像。我們的太陽系就是這樣的精彩多姿，且讓我們來一探究竟吧！

人人伽利略 科學叢書 03
完全圖解元素與週期表

解讀美麗的週期表與
全部118種元素！　　售價：450元

　　所謂元素，就是這個世界所有物質的根本，不管是地球、空氣、人體等等，都是由碳、氧、氮、鐵等許許多多的元素所構成。元素的發現史是人類探究世界根源成分的歷史。彙整了目前發現的118種化學元素而成的「元素週期表」可以說是人類科學知識的集大成。

　　本書利用豐富的插圖以深入淺出的方式詳細介紹元素與週期表，讀者很容易就能明白元素週期表看起來如此複雜的原因，也能清楚理解各種元素的特性和應用。

人人伽利略 科學叢書 04
國中‧高中化學

讓人愛上化學的視覺讀本　　售價：420元

　　「化學」就是研究物質性質、反應的學問。所有的物質、生活中的各種現象都是化學的對象，而我們的生活充滿了化學的成果，了解化學，對於我們所面臨的各種狀況的了解與處理應該都有幫助。

　　本書從了解物質的根源「原子」的本質開始，再詳盡介紹化學的導覽地圖「週期表」、化學鍵結、生活中的化學反應、以碳為主角的有機化學等等。希望對正在學習化學的學生、想要重溫學生生涯的大人們，都能因本書而受益。

人人伽利略 科學叢書 09

單位與定律　　完整探討生活周遭的單位與定律！　　售價：400元

　　本國際度量衡大會就長度、質量、時間、電流、溫度、物質量、光度這7個量，制訂了全球通用的單位。2019年5月，針對這些基本單位之中的「公斤」、「安培」、「莫耳」、「克耳文」的定義又作了最新的變更。本書也將對「相對性原理」、「光速不變原理」、「自由落體定律」、「佛萊明左手定律」等等，這些在探究科學時不可或缺的重要原理和定律做徹底的介紹。請盡情享受科學的樂趣吧！

★國立臺灣大學物理系退休教授　曹培熙　審訂、推薦

人人伽利略 科學叢書 11

國中・高中物理　　徹底了解萬物運行的規則！　　售價：380元

　　物理學是探究潛藏於自然界之「規則」（律）的一門學問。人類驅使著發現的「規則」，讓探測器飛到太空，也藉著「規則」讓汽車行駛，也能利用智慧手機進行各種資訊的傳遞。倘若有人對這種貌似「非常困難」的物理學敬而遠之的話，就要錯失了解轉動這個世界之「規則」的機會。這是多麼可惜的事啊！

★國立臺灣大學物理系教授　陳義裕　審訂、推薦

人人伽利略 科學叢書 12

量子論縱覽　　從量子論的基本概念到量子電腦　　售價：450元

　　本書是日本Newton出版社發行別冊《量子論增補第4版》的修訂版。本書除了有許多淺顯易懂且趣味盎然的內容之外，對於提出科幻般之世界觀的「多世界詮釋」等量子論的獨特「詮釋」，也用了不少篇幅做了詳細的介紹。此外，也收錄多篇介紹近年來急速發展的「量子電腦」和「量子遙傳」的文章。

★國立臺灣大學物理系退休教授　曹培熙　審訂、推薦

人人伽利略 科學叢書 10

用數學了解宇宙

只需高中數學就能
計算整個宇宙！　　　　　　售價：350元

　　每當我們看到美麗的天文圖片時，都會被宇宙和天體的美麗所感動！遼闊的宇宙還有許多深奧的問題等待我們去了解。

　　本書對各種天文現象就它的物理性質做淺顯易懂的說明。再舉出具體的例子，說明這些現象的物理量要如何測量與計算。計算方法絕大部分只有乘法和除法，偶爾會出現微積分等等。但是，只須大致了解它的涵義即可，儘管繼續往前閱讀下去瞭解天文的奧祕。

★台北市天文協會監事 陶蕃麟 審訂、推薦

人人伽利略 科學叢書 19

三角函數　　sin、cos、tan　　　　　售價：450元

　　許多人學習三角函數只是為了考試，從此再沒用過，但三角函數是多種技術的基礎概念，可說是奠基現代社會不可缺少的重要角色。

　　本書除了介紹三角函數的起源、概念與用途，詳細解說公式的演算過程，還擴及三角函數微分與積分運算、相關函數，更進一步介紹源自三角函數、廣泛應用於各界的代表性工具「傅立葉分析」、量子力學、音樂合成、地震分析等與生活息息相關的應用領域，不只可以加強基礎，還可以進階學習，是培養學習素養不可多得的讀物。

人人伽利略 科學叢書 24

統計與機率　　從基礎至貝氏統計　　　　售價：450元

　　機率的目的是計算出還沒發生的事情，發生的可能性有多高；而統計則是將人的行為或特徵數據化，再用數學加以分析，例如常見的國民所得、失業率、電視台收視率等。了解統計與機率，可以對生活中的這類數據做出合理判斷，不受誤導。而電腦篩選垃圾信件、人工智慧辨識形狀、病名診斷，也都運用到統計的觀念。尤其是在大數據受到重視之後，受過統計訓練的人才更是炙手可熱。

人人伽利略 科學叢書 13
從零開始讀懂心理學
適合運用在生活中
的行為科學　　　　售價：350元

　　心理學即是研究肉眼無法看到之心理作用及活動，而了解自己與他人的心理，對我們的日常生活會有極大幫助。

　　本書先從心理學的主要發展簡單入門，再有系統且完整地帶領讀者認識不同領域的理論與應用方式。舉凡我們最關心的個人性格、人際關係與團體、記憶、年紀發展等，都在書中做了提綱挈領的闡述說明，可藉此更瞭解自己、瞭解社會、及個人與社會間的關係。

★國立臺灣大學特聘教授／臺大醫院神經部主治醫師　郭鐘金審訂、推薦

人人伽利略 科學叢書 14
飲食與營養科學百科
人體的吸收機制和
11種症狀的飲食方法　　售價：350元

　　「這樣吃真的健康嗎？」「網路資訊可信嗎？」本書內容涵蓋生理學、營養學和家庭醫學，帶您循序漸進，破除常見的健康迷思，學習營養素的種類、缺乏時會造成的症狀、時下流行的飲食法分析，以及常見疾病適合的飲食方式等等。無論是對消化機制有興趣、注重健康，或是想瘦身的讀者都能提供幫助！想過健康的生活，正確飲食絕對是必要的。本書教你如何吃才「正確」，零基礎也能快速理解！

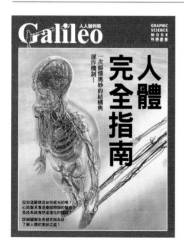

人人伽利略 科學叢書 21
人體完全指南
一次搞懂奧妙的結構與運作機制！　售價：500元

　　大家對自己的身體了解多少呢？你們知道每次呼吸約可吸取多少氧氣？從心臟輸出的血液在體內循環一圈要多久時間呢？其實大家對自己身體的了解程度，並沒有想像中那麼多。

　　本書用豐富圖解彙整巧妙的人體構造與機能，除能了解各重要器官、系統的功能與相關疾病外，也專篇介紹從受精卵形成人體的過程，更特別探討目前留在人體上的演化痕跡，除了智齒跟盲腸外，還有哪些是正在退化中的部位呢？翻開此書，帶你重新認識人體不可思議的構造！

人人伽利略 科學叢書 08

身體的檢查數值

詳細了解健康檢查的
數值意義與疾病訊號　　　　售價：400元

　健康檢查不僅能及早發現疾病，也是矯正我們生活習慣的契機，對每個人來說都非常重要。

　本書除了帶大家解讀健康檢查結果，了解WBC、RBC、PLT等數值的涵義，還將檢查報告中出現紅字的項目，羅列醫生的忠告與建議，可借機認識多種疾病的成因與預防方法，希望可以對各位讀者的健康有幫助。

人人伽利略 科學叢書 22

藥物科學　　藥物機制及深奧的新藥研發世界　　　售價：500元

　藥物對我們是不可或缺的存在，然而「藥效」是指什麼？為什麼藥往往會有「副作用」？本書以淺顯易懂的方式，從基礎解說藥物的機轉。

　新藥研發約須耗時15～20年，經費動輒百億新台幣，相當艱辛。研究者究竟是如何在多如繁星的化合物中開發出治療效果卓越的新藥呢？在此一探深奧的新藥研發世界，另外請隨著專訪了解劃時代藥物的詳細研究內容，並與開發者一起回顧新藥開發的過程。最後根據疾病別分類列出186種藥物，敬請讀者充分活用我們為您準備的醫藥彙典。

★國立臺灣大學特聘教授、臺大醫院神經部主治醫師　郭鐘金老師 審訂、推薦

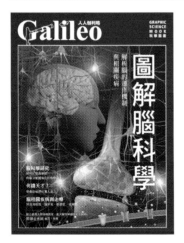

人人伽利略 科學叢書 23

圖解腦科學　　解析腦的運作機制與相關疾病　　　售價：500元

　「腦」至今仍藏有許多未解謎題，科學家們持續探究其到底是如何讓我們思考、記憶、表達喜怒哀樂，支配我們的日常活動？本書一探學習與記憶的形成機制，並彙整腦科學研究的最新進展，讓我們了解阿茲海默症、憂鬱症、腦中風的成因與預防方法等，也以科學角度解說許多網路謠言，讓我們得以用更正確的態度面對。

★國立臺灣大學特聘教授、臺大醫院神經部主治醫師　郭鐘金老師 審訂、推薦

環繞著數字的奇幻數學物語登場

數之女王

在這個被數字掌管的世界，每個人都有自己的「命運數」。

娜婕一直因為自己的數不像王妃的命運數那麼強大美麗而自卑。

但有一天，她發現自己的姊姊可能就是被王妃所謀殺的。

在尋找真相的過程中，她無意間進入鏡子的世界，遇到了一群友善的妖精，

沒想到他們竟然也與姊姊的案件有關，還發現了王妃不為人知的祕密……

大家要怎麼阻止命運數被吞噬，如何揭露這場精心布置的陰謀呢？

適合10～15歲的學生當課外讀物
兼具奇幻故事與數學讀物的雙重魅力
書末附公式解說，幫助閱讀理解

備受好評的日本新銳小說家──川添愛 奇幻新作

2021年7月 揭開真相

人人出版

【 人人伽利略系列 05 】

全面了解人工智慧
從基本機制到應用例，以及未來發展

作者／日本Newton Press
執行副總編輯／賴貞秀
翻譯／賴貞秀、曾文媛
校對／邱秋梅
編審／謝邦昌
商標設計／吉松薛爾
發行人／周元白
出版者／人人出版股份有限公司
地址／23145 新北市新店區寶橋路235巷6弄6號7樓
電話／（02）2918-3366（代表號）
傳真／（02）2914-0000
網址／www.jjp.com.tw
郵政劃撥帳號／16402311 人人出版股份有限公司
製版印刷／長城製版印刷股份有限公司
電話／（02）2918-3366（代表號）
經銷商／聯合發行股份有限公司
電話／（02）2917-8022
第一版第一刷／2020年1月
第一版第二刷／2021年5月
定價／新台幣350元
　　　港幣117元

國家圖書館出版品預行編目（CIP）資料

全面了解人工智慧：從基本機制到應用例，以及未來
發展 ／ 日本Newton Press作；賴貞秀，曾文媛譯.--
第一版.-- 新北市：人人，2020.01
面；公分. ─（人人伽利略系列；5）
ISBN 978-986-461-205-5（平裝）

1.人工智慧

312.83　　　　　　　　　　　　　108022019

Staff

Editorial Management	中村真哉
Art Direction	吉增麻里子
Editorial Staff	遠津早紀子
Writer	谷合 稔
	薬袋摩耶
	島田祥輔
	荒舩良孝
	山田久美

Photograph

3	安友康博/Newton Press	60	NASA/Ames Research Center/Wendy Stenzel	105	安友康博/Newton Press
24-25	DeepMind	64	Goodfellow et al. (2015). Explaining and harnessing	107	安友康博/Newton Press
25	AP/アフロ		adversarial examples. arXiv:1412.6572v3	110	安友康博/Newton Press
26~27	William Lotter et al. ICLR 2017	65	アフロ	113	安友康博/Newton Press
43	組織標本：東邦大学医療センター佐倉病院	68-69	アフロ	115	安友康博/Newton Press
44	National Cancer Center, Japan	81	安友康博/Newton Press	121	安友康博/Newton Press
46	MieTech株式会社	83	安友康博/Newton Press	123	安友康博/Newton Press
50	ロイター/アフロ	89	安友康博/Newton Press	127	安友康博/Newton Press
51	Rodrigo Reyes Marin/アフロ, AFP/アフロ	91	安友康博/Newton Press	129	安友康博/Newton Press
52	東京工業大学	97	安友康博/Newton Press	131	安友康博/Newton Press
55	東京工業大学	99	安友康博/Newton Press	137	安友康博/Newton Press
57	提供：新エネルギー・産業技術総合開発機構（NEDO）	101	山本一成		
58	首都高技術株式会社	103	安友康博/Newton Press		

Illustration

Cover Design	デザイン室 宮川愛理	18-19	カサネ・治	56	Newton Press
	（イラスト：Newton Press）	20~23	Newton Press・カサネ・治	60	Newton Press
2~3	Newton Press	24-25	Newton Press	63	Newton Press
5	Newton Press	29	吉原成行	70~73	Newton Press
6-7	Newton Press,（エアコン）富﨑NORI,	30-31	Newton Press	75	Newton Press
	（お掃除ロボット）吉原成行	33	Newton Press	77~79	Newton Press
8-9	Newton Press	34	太湯雅晴・Newton Press	87	Newton Press
10~11	Newton Press・カサネ・治, Newton Press	35	太湯雅晴	93	Newton Press
12~13	Newton Press・カサネ・治	43	Newton Press	119	Newton Press
14-15	カサネ・治	48~49	Newton Press	134	Newton Press
16~17	小林 稔, カサネ・治	52-53	吉原成行	表4	Newton Press